Noodles

趙柏淯的 私房麵料理

Noodles

趙柏淯的 私房麵料理

Noodles

趙柏淯的私房麵料理

炒麵、涼麵、湯麵、異國麵&餅

麵食大師趙柏淯老師將市面上最流行及最受歡迎的麵食，
佐以自己精闢的配方設計出更好吃更鮮美的私房麵食譜，
包括湯麵、乾麵、涼麵、炒麵、大江南北麵和異國風味麵，
還教你自製手工麵條、熬高湯和製作醬料。

救國團烹飪名師
趙柏淯 著

朱雀文化

方便麵方便吃

NOODLE NOODLE

十三年來在救國團各教育中心教授烹飪美食，我針對各階層學員在烹飪方面的需求，開設了麵飯、中菜、中點、熱炒等諸多課程，每每都得到學員們的熱烈迴響。蒙朱雀出版社的邀約，陸續將手邊的教學資料整理出來，並加上目前流行的及方便烹飪的各式料理結輯出書，包括《趙柏淯的私房麵料理》、《趙柏淯的招牌飯料理》、《來塊餅》、《南洋料理100》、《愛吃重口味100》，以及《5分鐘涼麵．涼拌菜》等，都受到讀者的喜愛與支持。

麵條是中國傳統麵食之一，流傳今日，它已不僅是中國北方的主食，而在世界各地都有喜愛它的人口，由於麵食具有衛生、營養、簡單、方便的優點，目前台灣家庭都很普遍能接受，近年來，義大利麵、日本拉麵風行，年輕朋友們，不但愛上麵條更對麵條的製作產生極大興趣。吃麵的人口越來越多，年齡層也越拉越低了。

生長在以米飯為主的道地南方家庭，但自小鄰居大部份都是吃麵食的北方人，藉由飲食、情感的交流常與伯伯、媽媽們進餐，不僅喜愛上麵食也學到了些許麵食的製作技巧，稍長遷移他處，懷念麵食時，自己動手卻做不出道地的口感，於是至各處學習技巧與原理，並教授予學員。這本書收集了坊間麵食店所賣的主要麵條項目及教學以來學員最喜愛的產品，編寫成書提供給各層面需求的朋友，雖是一本小小的食譜，但在不景氣的環境中，照著配方自己做來吃，不僅可省下荷包內銀子，週休二日全家一起揉麵糰又是另一類的休閒活動。

最後祝福與本書結緣的朋友，生活愉快，身體健康。

救國團烹飪名師
趙柏淯 謹序

趙柏淯的招牌飯料理

~炒麵、涼麵、湯麵、異國麵＆餅~

N O O D L E N O O D L E

地方風味麵

簡易乾麵

麵點·
麵粉利用

台 式 蚵 仁 麵

台式蚵仁麵

♥**材料：**（4～5人）

♥**麵皮：**
油麵600g.
蚵仔300g.、小白菜150g.、青蔥2
根、嫩薑絲50g.

♥**調味料：**
鹽2小匙、胡椒粉適量

♥**做法：**
❶ 蚵仔洗淨瀝乾，油麵放入沸水
氽燙40秒撈出瀝乾，青蔥切末、
小白菜洗淨切段。

❷ 炒鍋熱，入1/2大匙沙拉油爆香
蔥白部分，注入8碗清水煮沸，放
入油麵、小白菜、蚵仔再次煮
沸，加鹽調味，撒下薑絲、青蔥
末、胡椒粉食用。

蚵仁麵好吃的訣竅

　　蚵仁麵要煮得好吃其實不難，重點在於蚵仔不要煮太久，否則體積縮小後口感韌硬，就不好吃了。蚵仔一定要非常新鮮，且不要另外氽燙，要一起與麵條煮熟，讓蚵仔的鮮嫩融入清湯內不流失。

青蔥的用法

青蔥的蔥白部分適合用來爆香，而蔥葉綠色部分通常用於菜餚煮熟時撒下，作為裝飾配色，也有提味的效果。所以一般吃麵條時，最後盛碗前我通常會撒下蔥絲蔥花點綴提味。

新 加 坡 蝦 麵

♥**材料：**（3～4人）

油麵600g.

草蝦300g.、瘦肉片150g.、豆芽菜100g.、小白菜100g.、青蔥2根、蝦米50g.、扁魚6片、豬骨300g.

♥**調味料：**

鹽2小匙、胡椒粉適量

新加坡蝦麵

♥**做法：**

❶ 草蝦洗淨，剝掉蝦頭，與蝦尾最後一節一起保留，小白菜、青蔥洗淨切末，豆芽菜洗淨，油麵入沸水汆燙40秒撈出瀝乾，豬骨入沸水汆燙、蝦米沖洗一下。

❷ 製作海鮮高湯：扁魚先以中小火炸1分鐘，與蝦殼、蝦頭、豬骨、蝦米及12碗清水，以中小火熬煮60～70分鐘備用。

❸ 炒鍋倒入海鮮高湯煮沸，加入油麵、肉片、蝦仁、豆芽菜和小白菜再次煮沸，加鹽調味，盛入碗中撒下蔥末、胡椒粉即可食用。

蝦麵

　　新加坡馬來西亞等地區的蝦麵都極富盛名，是觀光客去旅遊時最喜歡品嚐的小吃。南洋地區許多華人來自中國大陸福建省，傳統的福建麵口感就像是我們現在所吃的油麵，Q中帶軟麵色微黃。吃蝦麵的時候加入辣椒粉（醬）、生辣椒或蝦醬、檸檬汁享用更讚，可以試試。

墨魚汁炒麵

HOT!

♥**材料：**（4人份）
油麵600g.
花枝（中）1隻、冷凍蝦仁
200g.、小白菜150g.、番茄2個、
青蔥2根、薑片3片

♥**調味料：**
A.鹽2小匙、淡色醬油1/2大匙、
　糖1小匙、胡椒粉2小匙
B.淡色醬油1/2大匙、太白粉水
　1/2碗

♥**做法：**
❶ 花枝洗淨剝皮切花，小心取出
腹部裡的囊袋備用。蝦仁洗淨去
腸泥瀝乾，小白菜、青蔥洗淨切
段，番茄切片；油麵入沸水汆燙
40秒，撈出瀝乾備用。
❷ 炒鍋熱，入1大匙沙拉油，油熱
爆香部分蔥白、薑片，放入花
枝、蝦仁和淡色醬油以大火拌
炒，1分鐘後盛出。
❸ 炒鍋熱，入3大匙沙拉油，油熱
爆香剩下的蔥白，放入番茄拌炒1
分鐘，再加入油麵、小白菜，及
調味料A.，以大火拌炒均勻。放
入蝦仁、花枝、青蔥和1/2碗清
水，大火翻炒1分鐘，最後淋入太
白粉水勾芡即可盛盤。

墨魚汁

　　花枝即為墨魚，又稱為烏賊。體
型比魷魚肥大，墨囊特別發達，囊
袋裡的黑墨汁營養又鮮美，丟棄相
當可惜！購買時盡量挑選較肥大的
花枝，墨囊袋大，黑墨汁多，吃來
更添鮮香。

孜然牛肉拌麵

孜然

這是新疆人的說法，即為香料中的「小茴香」，專門用於牛、羊等肉類料理，中藥行均有售。大陸西北地區飲食多半為酸中帶辣，且添加許多香料。

牛肉拌麵

牛肉拌麵所挑選的肉要帶些油脂，拌起來才夠味；麵條選用拉麵為佳，有嚼勁吃起來才過癮！

♥ **材料：**（4～5人）
拉麵600g.
牛腩600g.、豆瓣醬2大匙、番茄糊2大匙、大蒜8粒、青蔥2根、薑片3片、花椒粉2小匙
八角2粒、孜然2小匙

♥ **調味料：**
淡色醬油2大匙、鹽3小匙、胡椒粉3小匙、太白粉水1/2碗

♥ **佐料：**
青蔥末、大蒜末

♥ **做法：**
❶ 牛腩沖洗切塊入沸水燙3～4分鐘，撈出沖冷水瀝乾，青蔥洗淨切末。
❷ 炒鍋熱，入3大匙沙拉油，油熱入蔥末、薑片、大蒜、花椒粉大火爆炒1分鐘，加入豆瓣醬、番茄糊拌炒1分鐘，放入牛肉塊、淡色醬油和胡椒粉翻炒均勻，倒入清水（水需蓋過牛肉塊面），八角和孜然裝入滷包袋中放入，以中小火燜煮60～80分鐘，加鹽調味、淋上太白粉勾薄芡。
❸ 拉麵入沸水煮熟，撈出放入大碗內，加入牛肉、醬汁、撒下蔥末、大蒜末即可食用。

泡菜鍋燒麵

♥材料： （3～4人）
烏龍麵600g.
火鍋牛肉片300g.、韓國泡菜
300g.、金針菇 100g.、洋蔥（中）
1個、青蔥2根、雞蛋4個

♥調味料：
A.鹽1小匙、辣椒粉適量
B.淡色醬油1／2大匙、太白粉2小
　匙、胡椒粉2小匙

♥做法：
❶ 烏龍麵、金針菇沖洗後瀝乾，
洋蔥切絲、青蔥切段。
❷ 牛肉片放入調味料B.抓拌均
勻，醃漬15～20分鐘。
❸ 炒鍋熱，入1大匙沙拉油，油熱
爆香洋蔥和泡菜，倒入6碗清水燜
煮2～3分鐘，加入烏龍麵、牛肉
片和金針菇煮沸，加鹽調味。舀
入深碗內，打入雞蛋，撒下蔥
段、辣椒粉即可食用。

韓國泡菜
　　韓國泡菜要有鹹鮮酸辣脆等口感
才是好吃的泡菜。泡菜除了煮湯麵
外，也可用拌、炒的方式料理。食
材上的挑選以清爽為原則，不能蓋
掉泡菜原有的風味。

鍋燒麵
　　正統的鍋燒麵，是在小鐵鍋裡面
煮好之後，放到一個「井」字型的
木頭架子上面，然後端給客人享
用。但現在為了方便，店家大都直
接裝在碗裡了。鍋燒麵亦可用乾炒
方式料理，食材種類可隨個人喜好
增加。

HOT!

NOODLE

牛雜麵

牛雜

　　指的是黃牛的肚子及大小腸等內臟,廣東人最喜愛吃。

廣陳皮

　　係指曬乾的橘子皮,為金黃色狀,而不是呈黑色狀的「陳年陳皮」,老廣燒牛肉的菜餚裡少不了廣陳皮入菜,不但可去腥還帶有柑橘的清香。

♥**材料:**(4～5人)
細拉麵 600g.
牛雜600g.、牛骨600g.、白蘿蔔(大)1個、青蔥2根、薑片6片、甘草1片、八角1粒、廣陳皮1片

♥**調味料:**
A.淡色醬油3大匙、沙薑粉2小匙、細砂糖 1/2大匙
B.鹽1/2大匙、胡椒粉適量

♥**做法:**
❶牛雜、牛骨沖洗好,入沸水汆燙,撈出後沖洗瀝乾備用。
❷白蘿蔔洗淨削皮切塊,青蔥洗淨瀝乾切末。
❸深鍋注入半鍋清水,煮沸後放入牛骨,以及薑片3片、甘草、八角、廣陳皮,以中小火熬煮3～4小時即為牛骨高湯。
❹炒鍋熱,入3大匙沙拉油,油熱後放入蔥白部分、及3片薑片爆香,加入牛雜以大火翻炒均勻,放入調味料A.拌炒,炒透後倒入牛骨高湯(需蓋過牛雜面高出3公分),以中小火燜煮70分鐘,放入白蘿蔔續煮20～30分鐘後再入鹽調味。
❺拉麵入沸水內煮熟裝入湯碗內,舀入牛雜、高湯和蘿蔔,撒下青蔥末和胡椒粉即可食用。

NOODLE

家常湯麵
Home Style Noodle Soup

陽 春 麵
NOODL

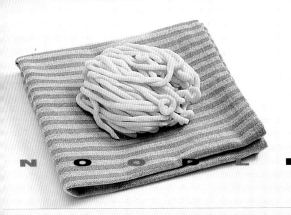

❤**材料：**（1人份）
手工白麵條150g.
（麵條做法請見P.6）
小白菜2株、蔥花適量、高湯2碗
（高湯製法請見P.12）

❤**調味料：**
鹽1/2小匙

❤**做法：**
❶小白菜洗淨，切段備用。
❷麵條煮熟，青菜放入煮麵水中
燙熟，高湯加熱。
❸準備一個深碗，放入鹽調味，
盛入熱高湯及麵條、青菜，撒下
蔥花，即可食用。

陽春麵

陽春麵的由來
據古書解釋農曆十月為小陽春，人們逐漸即以「陽春」代表「十」；而古時候一碗只有湯頭沒
有任何配料的湯麵售價十文錢，故漸漸稱十文錢的一碗麵為「陽春麵」。
麵條
陽春麵的麵條沒有限制，任何粗、細、厚、薄麵條均適用。
莫大享受
夜裡肚子餓時，自己下一碗陽春麵，切一盤滷海帶豆乾；簡單、方便，卻是人生莫大的享受。

排 骨 麵

NOODLE

排骨麵

N O O D L E

♥**材料：**（1人份）

陽春麵150g.

大排骨肉1片、小白菜2株、高湯2碗

（高湯製法請見P.12）

♥**調味料：**

A.鹽1/2小匙、醬油1/2大匙、蔥1支（切段）、蒜2粒（拍碎）、糖1小匙、麻油1小匙、胡椒粉適量

B.雞蛋1個（打散）

C.中筋麵粉1大匙、地瓜粉2大匙（兩者混勻）

D.鹽1/2小匙

♥**做法：**

❶ 排骨洗淨，拭乾水份，以刀背拍鬆，放入A料醃約15分鐘，撒上一層薄薄的麵粉。

❷ 將排骨沾上蛋液，待蛋液滲透肉排後再沾裹C料，用手稍按壓使裹粉附黏肉面上。

❸ 熱油鍋放入1碗油，放入排骨以中火炸至呈金黃色（圖1），即可取出。

❹ 麵條煮熟，小白菜洗淨切段放入煮麵水中燙熟，高湯加熱。

❺ 碗內放入鹽調味，盛入熱高湯、麵條及青菜，配以排骨食用。

> **排骨好吃的秘訣**
> 1.排骨裹上一層薄麵粉可防止醃料流失。
> 2.沾裹蛋汁是為使了使肉質鬆軟、香醇，且色澤金黃漂亮。
> 3.在沾裹粉前先沾上蛋汁，裹粉才容易附著。
> 4.炸排骨的油需蓋過整塊排骨，先以中火炸2分鐘後，翻面再炸1分鐘，最後將火轉大一點，再炸1分鐘即可撈出香酥好吃的排骨。

雞 腿 麵
NOODLE

雞腿麵

♥**材料：（1人份）**
陽春麵150g.
雞腿1隻、青江菜2株、高湯2碗、
麵粉少許
（高湯製法請見P.12）

♥**調味料：**
A.蔥段、薑片適量、鹽1/2小匙、
醬油2大匙、米酒1/2大匙、糖1小
匙、麻油1小匙、胡椒粉適量
B.雞蛋1個（打散）
C.中筋麵粉1大匙、地瓜粉2大匙
（兩者混勻）
D.鹽1/2小匙

♥**做法：**
❶雞腿洗淨放入A料醃漬30分鐘，
入蒸鍋以中火蒸約8分鐘至七分熟
（用筷子刺入稍有血水流出）。
❷待雞腿稍涼撒上一層薄薄的麵
粉，先沾上蛋液再沾裹C料（圖1）。
❸熱油鍋加入2碗油，放入雞腿以
中火炸約5分鐘，再轉大火炸約2
分鐘至表皮呈金黃色即可取出。
❹麵條煮熟，青江菜洗淨切段，
放入煮麵水中燙熟，高湯加熱。
❺碗內放入鹽調味，盛入熱高
湯、麵條及青菜，配以香酥的雞
腿食用。

雞腿肉的選擇
　　肉雞肉質較軟適合炸食，土雞有咬勁，適合
紅燒或燉湯。
炸出好吃雞腿的秘訣
　　雞腿要先以中火蒸至七分熟，不僅可防止肉
汁流失，也可避免炸不熟。如果直接將生雞腿入
鍋油炸，炸久了難免鮮味流失，炸的時間不夠又
會不熟，所以一定要先將雞腿蒸過，才會吃到肉
質鮮嫩帶汁又不乾澀的好吃雞腿。

魚香牛肉麵

♥材料：（4～5人份）
陽春麵600g.
牛肋條3條（約600g.）、蔥末、蒜
末、薑末各3大匙、小白菜10株

♥調味料：
鹽1小匙、糖2小匙、淡色醬油3大
匙、辣椒醬2大匙

♥做法：
❶牛肋條整條汆燙去血水，撈出
切塊備用。
❷熱油鍋放入4大匙油，爆香蔥、
薑、蒜，放入牛肉塊及辣椒醬炒
透，再放入醬油續炒3分鐘，加入
清水（須蓋過牛肉面3公分），以
小火燜煮90分鐘，放入鹽、糖調
味即成。
❸麵條煮熟，小白菜洗淨切段，
放入煮麵水中燙熟撈出。
❹碗內加入一些牛肉湯汁及煮麵
的沸水稍微稀釋，盛入麵條，上面
再鋪上牛肉塊及青菜即可食用。

魚香
　　魚香為川菜中常用的料理手法，主要是以燒魚的調味料烹煮，包括蔥、薑、蒜、辣椒
（醬）等辛辣的食材，但其實沒有「魚」。曾經有洋人在餐館點選魚香肉絲，問老闆怎麼
沒有魚呢？讓店家解釋好半天。

稀釋
　　本道料理的牛肉汁味道較濃郁，要入少許清湯稀釋較爽口。

牛肉
　　肋條也可以改用牛腱或牛腩調理，各有不同風味。

n OODLE

清燉牛蚌麵

♥**材料：**（4～5人份）
陽春麵600g.
牛腱2個（約700g.）、牛油150g.、
蛤蜊600g.、青江菜10株、蔥1根、
薑3片

♥**調味料：**
鹽1大匙、糖1小匙
A.八角2片、甘草3片、草果1粒、
沙薑2片、香葉5片（用紗布包好）

♥**做法：**
❶牛腱整個汆燙去血水。
❷鍋內倒入6碗清水及A料煮沸，放
入牛肉、牛油以小火燉煮1小時。
❸撈出牛肉切成小塊，再倒回湯
鍋煮半小時，放入鹽、糖調味。
❹另取1鍋放入5碗水，煮沸蔥段薑
片，放入洗淨的蛤蜊，以中火燙約1
分鐘，見蛤蜊稍有裂口迅速撈出。
❺麵條煮熟，青江菜洗淨，放入
煮麵水中燙熟。
❻碗內倒入沸騰的牛肉湯和麵條，
鋪上牛肉塊、蛤蜊、青菜即可。

另類吃法：牛加蚌
　　這是坊間店家為了創新而開發的新鮮口味；有濃厚的牛肉香，又有清鮮的蚌味，讓人大快朵頤。
滷包
　　八角、甘草、草果、沙薑、香葉等香料中藥店都有販賣，可請店家代為裝入紗布內。這些香料不但去腥，且不會奪牛肉味，比新鮮的蔥、薑還溫和。
蛤蜊
　　蛤蜊購買吐過砂的，即可馬上食用；汆燙的時間不宜久，否則肉粒容易脫落；且肉質縮小產生韌性，難以咀嚼。
牛油
　　本道麵選用牛腱較無油脂，蚌亦無油，為防腱肉乾澀並加強湯汁鮮美，所以添加少許牛油，如果採用牛肋條或牛腩，則不必另添加油脂。

紅燒牛肉麵

♥**材料：**（4～5人份）
拉麵600g.
牛肋條3條（約600g.）、番茄1個、
洋蔥1/2個、小白菜5株、蔥2根、
薑3片

♥**調味料：**
鹽1/2大匙、糖2小匙、豆瓣醬3大
匙、淡色醬油1大匙、八角2片、
甘草2片

♥**做法：**
❶ 牛肋條整條汆燙去血水，鍋內
加6碗清水及八角、甘草，煮沸後
放入牛肋條，以小火熬煮1小時，
撈出切小塊。
❷ 洋蔥去皮洗淨切厚片，番茄洗
淨切4瓣；熱油鍋放入3大匙油，
爆香蔥、薑、洋蔥，再放入牛肉
塊、番茄、豆瓣醬及醬油拌炒5分
鐘盛出；倒回牛肉湯內，以小火
燉約半小時，放入糖及鹽試味。
❸ 麵條煮熟，小白菜洗淨切段，
放入煮麵水中燙熟撈出。
❹ 碗內加入牛肉湯，盛入麵條，
鋪上牛肉塊及青菜即可食用。

紅燒牛肉好吃的秘訣
1.牛肉需以小火慢燉，不可先放
鹽，否則肉質會澀硬且不易燉爛。
2.牛肋條要整條熬煮再撈出切塊，
如此牛肉的鮮味才不易流失。
3.佐以蒜泥食用，別有一番風味。

羅宋牛肉湯麵

N O O D L E

♥材料：（4～5人份）
家常寬麵600g.
牛肋條3條（約600g.）、紅蘿蔔2
條、白蘿蔔1條、高麗菜1/4個、洋
蔥1個、芹菜2株、番茄4個

♥調味料：
鹽1大匙、黑胡椒粉1/2大匙、月桂
葉5～6片

♥做法：
❶牛肋條整條汆燙去血水。
❷番茄汆燙去皮切塊，紅白蘿蔔
去皮切小塊，芹菜洗淨切段、洋
蔥洗淨去皮切厚片、高麗菜洗淨
切絲。
❸熱油鍋放入3大匙油，爆香洋蔥
後倒入8碗清水，加入牛肉、月桂
葉、胡椒粉及所有蔬菜，以小火
熬煮1小時。
❹撈出牛肉切小塊，再放回湯鍋內
熬煮約20分鐘，放入鹽調味即可。
❺麵條煮熟盛入碗內，夾入牛肉
塊澆淋湯汁即成。

**讓羅宋牛肉麵更鮮紅的
秘訣**
　　如果要湯頭顏色較為鮮紅，要
挑選較熟的紅番茄，也可酌量加些
番茄醬或匈牙利紅椒粉。
月桂葉
　　月桂葉在中藥行或超市都有
賣，是煮肉的好配料。

豬 腳 麵 線
NOODLE

♥**材料：**（5～6人份）
白麵線400g.
豬後腿1隻、小白菜10株、高湯6
碗、蔥2根、薑3片
（高湯製法請見P.12）

♥**調味料：**
鹽1小匙、醬油5大匙、冰糖1大匙

♥**做法：**
❶豬腳整隻入滾水汆燙約10分鐘去
血水，撈出沖冷水，瀝乾待用。
❷蔥切段，熱油鍋放入2大匙油爆
香蔥薑，放入豬腳及調味料一起
拌炒約10分鐘，倒入3碗清水，以
小火燜煮90分鐘即成。
❸將麵線煮熟，小白菜洗淨，放
入煮麵水燙熟，高湯加熱。
❹碗內盛入麵線、高湯及紅燒豬
腳的湯汁，鋪上豬腳、小白菜即
可食用。

豬腳麵線

吃長壽麵線

　　一般壽宴中，豬腳麵線是不可少的，麵線代
表長壽，豬腳則是強壯的象徵，可祝福壽星身體
健康、長命百歲。在煮麵時不要切斷麵線，長度
越長代表越長壽，吃麵線時也要將壽麵拉高，表
示壽星將會福壽綿延。

麵線

　　麵線的產地很多，以廈門、福州麵線的質感
最好，不易黏糊、斷裂。台南的關廟麵線也很有
名氣。

　　下麵線時，鍋中要多添些水份，麵線較易散
開，才不會揪在一起。

清燉蹄花麵
NOODLE

♥**材料：** （5～6人份）
細拉麵600g.
豬腳1隻、小白菜10株

♥**調味料：**
A.鹽1/2大匙、糖1小匙
B.薑2片、八角3片、甘草3片、桂
皮1小節（以紗布包好）

♥**做法：**
❶ 豬腳洗淨，整隻入滾水燙約10
分鐘去血水，撈出沖冷水，瀝乾
待用。
❷ 將豬腳放入鍋內，加入水（水
須蓋過肉面3公分以上）、B料，以
小火燜煮90分鐘後取出待涼。
❸ 豬腳去骨切小塊，放回湯鍋內
加鹽、糖調味。
❹ 麵條煮熟，小白菜洗淨，入煮
麵水中燙熟撈出。
❺ 碗內盛入麵條、豬腳湯汁，鋪
上肉塊及小白菜即可食用。
❻ 若覺得肉塊清淡，可沾薑絲、
米醋、淡醬油搭配。

清燉
蹄花麵

清燉豬腳好吃的秘訣
1.豬腳要先汆燙去血水，再沖冷水去油脂，以一
冷一熱沖燙，肉皮會較Q。
2.整隻煮熟透再切小塊，肉質較滑嫩。
3.清燉豬腳食用時搭配薑汁、米醋，可去腥解膩。

麵 片 兒 湯

♥**材料：**（4～5人）
【**麵片兒**】：中筋麵粉300g.、水150g.、鹽1小匙
瘦肉200g.、番茄2個、小黃瓜2條、黃豆芽150g.、筍1/2個、豆腐1個、蝦米1大匙、雞蛋1個、高湯6碗
（高湯製法請見P.12）

♥**調味料：**
鹽1/2大匙
A.醬油1大匙、太白粉1小匙、水1/2小匙

♥**做法：**
❶麵片兒做法請見P.6，步驟1～9。
❷用擀麵棍將麵糰擀成約0.2～0.3公分薄片，再切成3公分寬×5公分長的長條麵片，撒上乾麵粉以防沾黏在一起。
❸將麵片煮熟撈出，以冷水沖涼。
❹雞蛋打散成蛋汁，瘦肉切薄片放入A料醃15分鐘，番茄切菱形狀，小黃瓜、豆腐、筍洗淨切片，黃豆芽洗淨，蝦米入溫水泡軟。
❺熱油鍋放入1大匙油爆香蝦米，放入高湯，再加入番茄、豆腐、筍片、黃豆芽，待高湯煮沸，加入麵片兒、黃瓜片及鹽調味，並淋下蛋汁即可。

麵片兒湯

冷水沖涼
　　麵片兒的麵皮較薄，很容易煮熟，也可以放入高湯內直接煮熟，但需注意，要將乾麵粉徹底篩掉再下鍋，否則湯頭混濁就不爽口了。

香 菇 雞 煨 麵
NOODLE

♥**材料：（2人份）**
陽春麵300g.
土雞腿1隻、香菇10朵、蔥1根、
高湯2碗
（高湯製法請見P.12）

♥**調味料：**
鹽1小匙、麻油適量

♥**做法：**
❶ 雞腿剁塊入滾水汆燙，香菇以
溫水泡軟。青江菜入滾水燙熟。
❷ 將雞塊、香菇放入1深碗內，加
入2碗高湯及1碗水，隔水燉至雞
塊爛熟。
❸ 麵條燙熟，蔥洗淨切末。
❹ 鍋內放入麵條，加入香菇雞湯，
以小火煨3分鐘，加鹽調味盛出，
撒下蔥花，淋上麻油即可食用。

香菇雞
煨麵

煨麵
1. 意指以微火慢煮至麵條稍為軟化，湯頭略為黏
稠，味道濃郁。
2. 也可待高湯煮沸，直接將生麵條放入鍋中煨
煮，湯頭會更黏稠有味。
3. 煨麵入口即化且易消化，很適合老人家、孩童
食用。
土雞
　土雞肉質鮮甜耐燉，最適合燉湯。

33 NOODLE

黃 魚 煨 麵
NOODLE

♥材料：（4～5人份）
細拉麵600g.
黃魚片400g.、冬筍2個、青江菜5
株、蔥2根、高湯8碗
（高湯製法請見P.12）

♥調味料：
鹽1小匙、糖1/2小匙、胡椒粉適
量、麻油適量
A.鹽、酒、太白粉各1小匙

♥做法：
❶ 黃魚由中間扁成兩片，取出大
骨，切成2.5公分厚片（圖1）；如
果買不到黃魚，可以鯛魚替代。
❷ 鍋內放入4碗清水煮沸，加入黃
魚燙約2分鐘撈出。
❸ 冬筍煮熟切絲，青江菜洗淨燙
熟待涼後切碎。蔥切段。
❹ 熱油鍋放入1大匙油爆香蔥段，
隨即放入筍絲、高湯煮沸，丟入
麵條，以小火煨煮約5分鐘，再加
入黃魚片、青江菜煮約1分鐘（圖
2），以鹽、糖調味，撒下胡椒
粉、麻油即可食用。

黃魚煨麵

黃魚
　　黃魚肉質細緻，不宜切太薄。如果買不到黃
魚，可以鯛魚代替。
青江菜
　　青江菜不要煮太久，否則顏色會變黃而不翠
綠。青江菜也可以用雪裡紅替代。

大滷麵
NOODLE

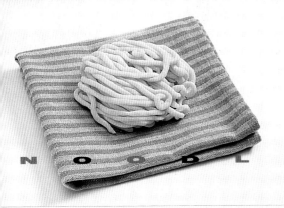

大滷麵

♥ **材料：**（2人份）
雞蛋麵200g.
肉絲100g.、小白菜2株、木耳1
朵、紅蘿蔔1/3個、番茄1個、雞蛋
1個、高湯2碗
（高湯製法請見P.12）

♥ **調味料：**
鹽1小匙
A.淡色醬油1/2大匙、太白粉1/3大
匙、水1大匙
B.太白粉2小匙、水2大匙

♥ **做法：**
❶ 肉絲放入A料醃10分鐘待用。小
白菜洗淨，木耳、紅蘿蔔洗淨切絲
番茄洗淨切4瓣。雞蛋打散備用。
❷ 熱油鍋放入2大匙油炒香肉絲盛
出，隨即將木耳、紅蘿蔔、番茄
及高湯放入鍋內煮沸。放入鹽及
混勻的B料勾芡，淋下蛋汁，投入
小白菜、肉絲，再次煮沸。
❸ 麵條煮熟，盛入碗內，倒入湯
汁，滴入少許麻油即可食用。

大滷麵的由來

　　大滷麵口頭稱做打滷麵，「滷」的意思即為
湯料。山東人喜歡將鍋中放入各種食材熬煮成湯
濃味重的鍋料理，加入熟麵條就成了有湯有料可
口又省事的大滷麵了。
　　「打」為山東人口語用法，如果聽到山東麵館
裡的廚師喲喝：「滷打好沒？」，就是問：「湯料
煮好了沒？」
配料
　　大滷麵的配料可隨各人喜好，家庭裡平日所
剩的隔餐菜，回鍋難吃丟棄可惜，就可用來煮大
滷麵，添加一些鮮艷的新鮮蔬菜就不覺得是利用
剩菜來料理的。

燴鍋麵

熗鍋麵

♥**材料：**（5～6人份）
家常麵1斤
瘦肉250g.、黃豆芽200g.、小白菜6
株、蝦米1大匙、蔥2根、高湯6碗
（高湯製法請見P.12）

♥**調味料：**
鹽1小匙、淡色醬油1大匙
A.淡色醬油1大匙、太白粉1/2大
匙、水1大匙

♥**做法：**
❶蝦米放入溫水泡軟。黃豆芽洗
淨瀝乾、小白菜、蔥洗淨切段。
❷瘦肉切絲放入A料醃15分鐘，熱
油鍋放入2大匙油，加入肉絲快
炒，至肉變色盛出待用。
❸油鍋內加入1大匙油爆香蔥段、
蝦米，將醬油沿鍋邊淋下（圖
1），倒入高湯及黃豆芽、小白
菜，煮沸後加鹽調味，再將瘦肉
回鍋拌炒即可熄火。
❹麵條煮熟盛入鍋內，淋入湯汁
即可食用。

熗
「熗」的烹調手法是指將調味料沿著鍋邊繞一
圈淋下，產生少許焦香味所煮出來的食物。
肉絲好吃訣竅
肉絲以醬油、太白粉水醃過口感較滑嫩入
味，因已預先炒至八分熟，所以將肉絲回鍋後隨
即關火，以熱湯的熱度即可泡熟肉絲。

炒 碼 麵
NOODLE

♥**材料：**（4～5人）
拉麵600g.
肉絲、蝦仁、蚵仔、花枝、魷魚
各100g.、大白菜150g.、洋蔥1/2個
蒜末1大匙、辣椒絲1大匙

♥**調味料：**
鹽1小匙、淡色醬油2大匙、辣椒
粉1/2大匙
A.淡色醬油1/2大匙、太白粉1小
匙、水1/2大匙

炒碼麵

♥**做法：**
❶肉絲放入A料醃10分鐘，熱油鍋
加1大匙油，放入肉絲過油待用。
大白菜、洋蔥洗淨切絲。
❷蝦仁去腸泥洗淨，與蚵仔一起
入沸水汆燙，花枝、魷魚切條狀
汆燙，麵條煮熟備用。
❸熱油鍋加入3大匙油，爆香蒜
末、洋蔥絲、辣椒絲，加入白菜
絲及鹽、淡色醬油、辣椒粉拌
炒，再放入汆燙過的海鮮及肉
絲，加入煮熟的麵條、5碗水，以
大火煮沸，隨即關火盛出。

湯麵
　　炒碼麵是湯麵而非乾炒的麵，山東人開的麵館
多半有這道麵食；有不少山東人旅居韓國，所以很
多山東館子的炒碼麵加入了韓國泡菜，所以帶了點
酸辣味。

酸 辣 麵
NOODLE

酸辣麵

♥材料：（4～5人）
家常麵600g.
辣椒粉60g.、辣油1/2碗、高湯8
碗、小白菜10株
（高湯製法請見P.12）

♥調味料：
鹽2/3大匙、白醋半碗

♥做法：
❶熱油鍋，放入1大匙沙拉油及辣
油1/2碗，油燒熱後轉小火放入辣
椒粉拌炒30秒，加入高湯煮沸，
最後再加鹽和白醋調味即成酸辣
湯汁。
❷麵條煮熟，小白菜洗淨切段，
放入煮麵水中燙熟。
❸碗內盛入麵條，加入酸辣湯汁
及青菜，可搭配少許蒜泥食用。

> **醋**
> 醋可選購「浙醋」（南門市場
> 有售），酸味夠，過癮且溫和，冬
> 天吃碗酸辣麵是相當保暖的。

自製辣油

♥材料：
沙拉油1碗、辣椒粉1/3碗、花
椒粉1小匙

♥做法：
❶熱油鍋放入沙拉油，油燒熱
後轉小火放入辣椒粉（圖1）。
❷辣椒粉全部下鍋，隨即以鏟
子炒散約20秒關火（圖2）。
❸放入花椒粉拌勻即成鮮紅的
辣油成品（圖3）。

PS.
1.迪化街有販售一級辣椒粉、二級
辣椒粉和雞心辣椒粉，可依個人嗜
辣程度選購。
2.製作辣油的火溫不宜太大，否則
辣椒粉容易焦黑，則辣味盡失且顏
色就不鮮紅了。
3.花椒粉是辣中帶麻麻的感覺，辣椒
粉則是辣中帶刺刺的感覺，所謂的
「麻辣」一定要加入花椒。

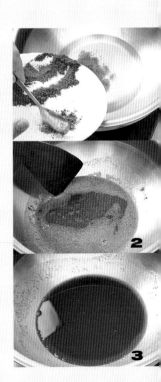

榨菜肉絲麵

NOODLE

榨菜
肉絲麵

♥ **材料：**（4～5人份）
陽春麵600g.
榨菜250g.、胛心肉300g.
蔥段適量、高湯6碗
（高湯製法請見P.12）

♥ **調味料：**
鹽1/2小匙、糖1小匙
A.淡色醬油2大匙、太白粉1大
匙、沙拉油2大匙

♥ **做法：**
❶ 胛心肉切絲，放入A料醃15分
鐘，榨菜切絲備用。
❷ 熱油鍋放入3大匙油爆香蔥段，
放入肉絲炒至肉變色且條條散
開，再加入榨菜及鹽、糖拌炒均
勻盛出。
❸ 麵條煮熟，高湯加熱。
❹ 將麵條盛入碗內，澆入熱高
湯，鋪上榨菜肉絲即可食用。

榨菜、肉絲好吃的秘訣
1.如果怕榨菜太鹹，切好絲後可用清水略微抓洗，擠
乾水份，不要浸泡，否則榨菜味會全部流失。
2.酸菜肉絲麵的做法與榨菜肉絲麵一樣，酸菜要
挑選脆又酸的。
3.肉絲至少要醃15分鐘才入味，如果沒有醃漬這
道手續，肉絲會乾乾澀澀不好吃。

雪 菜 雞 絲 麵
NOODLE

♥**材料：**（4～5人份）
雞蛋麵600g.
雞胸肉1副、雪裡紅300g.、紅蘿蔔
1/4個、蔥2支、高湯6碗
（高湯製法請見P.12）

♥**調味料：**
鹽1/2小匙、糖1/2小匙
A.鹽1小匙、淡色醬油1大匙、太白
粉1大匙、糖1小匙、胡椒粉少許

♥**做法：**
❶雞胸切絲放入A料醃15分鐘，熱
油鍋放入4大匙油，將雞絲快速爆
炒後撈出待用。
❷ 雪 裡 紅 洗 淨 、 擠 乾 水 份 、 切
碎，紅蘿蔔洗淨切絲備用。
❸ 油 熱 放 入 雪 菜 、 紅 蘿 蔔 絲 及
糖、鹽，以大火炒遍，再將雞絲
回鍋拌炒均勻。
❹麵條煮熟盛入碗內，加入高湯
鋪上雪菜雞絲即成。

雪菜
雞絲麵

雞肉的選擇
　　雞胸肉肉質較鬆軟，要順著肉的纖維切才成
條狀；肉雞口感軟嫩易熟，土雞肉鮮美又有嚼
勁，可以各人喜愛選購。

雪裡紅
　　雪裡紅是醃漬過鹹味稍重的油菜或小芥菜，
可先以沖洗的方式去鹹味；雪裡紅入鍋炒時間不
宜太久，否則色澤變黃不夠翠綠也缺少嗆味。

番 茄 麵

NOODLE

NOODLE

>> > >

♥材料：（4～5人）
拉麵600g.
番茄10個、小白菜10株、紅蔥頭1
大匙、蝦米1大匙、高湯8碗
（高湯製法請見P.12）

♥調味料：
番茄醬2大匙、鹽1大匙、糖1小匙

♥做法：
❶小白菜洗淨切段，番茄汆燙去
皮切碎，紅蔥頭洗淨剁碎、蝦米
泡溫水待用。
❷熱油鍋加2大匙油，放入紅蔥
頭、蝦米炒香，加入番茄及番茄醬
稍拌炒，再加入高湯以小火熬煮1
小時至番茄糊化，加鹽、糖調味。
❸麵條煮熟，小白菜放入煮麵水
中燙熟。
❹將番茄湯汁澆入煮熟的麵條
內，鋪上青菜食用。

番茄麵

NOODLE

酸中帶甜的番茄麵
　　此道番茄麵要酸中帶點番茄的甜味才好，喜
好酸味酸得過癮者，可挑選顏色較綠的番茄；酌
加番茄醬，是為了讓湯頭的顏色更為鮮紅。

海 鮮 煮 麵
NOODLE

♥**材料：**（4～5人份）
油麵600g.
蚵仔、蛤蜊、鯛魚片、花枝、蝦
仁、蟹角各150g、小白菜5株
海鮮高湯8碗、蔥花適量、胡椒
粉、麻油適量
（高湯製法請見P.12）

♥**調味料：**
鹽1/2大匙

海鮮煮麵

♥**做法：**
❶ 蚵仔、蛤蜊等海鮮以沸水汆燙
30秒迅速撈出瀝乾待用。小白菜
洗淨切小段。
❷ 鍋內放入高湯煮沸，加入油麵
及汆燙過的海鮮、小白菜，以大
火快速煮沸後加鹽即成。
❸ 盛入碗內，撒下蔥花、胡椒
粉，淋上麻油即可食用。

海鮮麵好吃的秘訣
　　煮麵所用的海味一定要選購「尚青」的，湯
頭才夠鮮美；湯頭配以海鮮高湯較為爽口，可徹
底吃出食材的鮮味。

NOODLE

簡易乾麵
Simple Warm Noodles in Sauce

雞絲涼麵

台式涼麵
NOODLE

雞絲涼麵　台式涼麵

♥材料：（4～5人）
雞蛋麵600g.
雞胸1副、綠豆芽100g.、紅蘿蔔
1/3個、小黃瓜2條、蒜泥1大匙、
雞蛋1個

♥調味料：
A.鹽1小匙、淡色醬油2大匙、糖1
小匙、冷開水6大匙調勻
B.芝麻醬4大匙、冷開水4大匙
（兩者混勻）

♥做法：
❶ 雞蛋麵放入沸水中煮熟撈出，
以冷開水沖涼瀝乾水份，加入少
許沙拉油挑鬆待用。
❷ 將雞蛋打散在平底鍋上攤薄，
取出切絲；豆芽菜、紅蘿蔔絲和
小黃瓜絲汆燙備用。
❸ 雞胸放入沸水內，以小火煮約15
分鐘，待湯汁冷卻後取出撕細絲。
❹ 將冷麵條盛入盤子內鋪上全部
材料，淋入A、B料拌食，喜酸辣
口味者可酌量加入烏醋、辣油。

♥材料：（4人）
涼麵600g.
小黃瓜2條、紅蘿蔔1/3個

♥調味料：
A.蒜泥1/2大匙、淡色醬油1/2大
匙、鹽1/2大匙、糖1/2大匙、烏醋
1大匙、冷開水1碗
B.芝麻醬3大匙、花生醬2大匙、
冷開水5大匙調勻

♥做法：
❶ 小黃瓜、紅蘿蔔洗淨切絲備
用，A料、B料分別混合拌勻。
❷ 盤內盛入涼麵，鋪上黃瓜絲、紅
蘿蔔絲，淋入A料，再澆上B料，
喜好辣者可加入辣油拌食即成。

冷麵
　　中國人在很早以前就會將麵條
煮熟，用冷水淘冷，拌入醬料食
用，拌麵的配料、醬料依各人喜好
調製。
雞絲好吃的秘訣
　　雞絲一直要浸泡在湯內，待湯
涼才取出來撕，雞絲較不會乾澀。

涼麵
　　市面上賣的涼麵大多為有加
鹼、略帶黃色的熟涼麵，即為台式涼
麵。也可以自己製作家常涼麵，任何
麵條都可做涼麵：將麵條煮熟（圖1）
撈出，浸入冷開水內待涼透後瀝乾，
隨即拌入少許沙拉油挑鬆（圖2）以
防沾黏，可放入冰箱冷藏個3天，非
常方便。

酢醬麵

♥**材料：**（4～5人份）
家常麵600g.
絞肉末400g.、豆干8塊、黃瓜2條、
蔥末、蒜末各1大匙、饅頭1/4個

♥**調味料：**
鹽1/2小匙、豆瓣醬1大匙、甜麵醬
3大匙、糖1小匙、麻油適量

♥**做法：**
❶黃瓜洗淨切絲，豆干切細丁，
饅頭撕小塊放入半碗水中泡成糊
狀（圖1）。
❷熱油鍋放入3大匙油，爆香蔥、
蒜，放入絞肉末炒至出油，加入
豆瓣醬、甜麵醬及豆干丁炒勻，
再加入1碗水，熬煮10分鐘。
❸加入糖及鹽調味，放入饅頭炒至
稍為收汁呈稠狀，滴下麻油即成。
❹麵條煮熟，澆上肉醬，鋪上黃
瓜後即可食用。

為什麼要加饅頭
　　加入少許饅頭收汁可使肉醬較
為濃稠，如果用太白粉勾芡，肉醬
冷卻後會滲出水。
及格的酢醬
　　酢醬麵湯汁少，口味濃郁；當
把麵吃完，碗底不留醬汁，如此的
醬料才算燒得及格。
麵條
　　酢醬麵口味稍重，麵條以粗、
厚的家常手工麵搭配較合適。

1

麻醬麵

♥**材料：（1人份）**
陽春麵150g.
小白菜2株、蔥花1大匙

♥**調味料：**
A.鹽1/2小匙、淡色醬油1小匙
B.芝麻醬、花生醬各1/2大匙、冷開水2大匙調勻

♥**做法：**
❶麵條煮熟，小白菜洗淨切段，放入煮麵水中燙熟。
❷碗內放入調味料A和麵條，淋上調味料B，鋪上青菜，撒下蔥花即可食用。

芝麻醬＋花生醬
　　芝麻醬加花生醬，味道更香郁、滑口，一定要試試。

紅油燃麵

💙**材料：（1人份）**
陽春細麵150g.
蒜末1小匙、榨菜末2小匙、小白
菜1株

💙**調味料：**
鹽1/2小匙、淡色醬油1小匙、辣油
1大匙

做法：
❶麵條煮熟，小白菜洗淨，切段
燙熟。
❷碗內放入全部調味料及蒜末榨菜
末，加入麵條及青菜拌勻即成。

燃
　　這是一道簡便的川味乾拌麵，「燃」就是「拌」
的意思。

紅油+豬油
　　紅油指辣油，將紅油加上部份豬油混勻製成的
燃麵，味道更香濃；且豬油較能附著在麵條上，吃
起來滑溜順口。另有白油燃麵即為不含辣味的油，
沒有鮮紅的顏色。

傻瓜乾拌麵

蝦油
　　廣東人偏好蠔油、本省人偏愛醬油膏，而蝦油是福州人烹調所用的「醬油」；在南門市場等大型市場或南北雜貨街有售。

傻瓜乾麵
　　這道乾麵沒有太多的配料，只調和豬油、蝦油、蔥花，味道就很好吃，沒有特別的名稱，坊間麵館老闆自詡傻瓜，故稱之為傻瓜乾麵。

♥**材料：**（1人份）
陽春麵150g.
蔥花適量

♥**調味料：**
豬油1/2大匙、蝦油1小匙
佐料：辣油、烏醋、胡椒粉適量

♥**做法：**
❶麵條煮熟，濾乾麵湯。
❷碗內放入豬油、蝦油、麵條，撒下蔥花拌勻，配以佐料食用。

紹子麵
NOODLE

♥ **材料：**（4～5人份）
雞蛋麵600g.
絞肉400g.、蝦米1大匙、木耳2
朵、荸薺5個、家常豆腐1塊、青
蔥3株

♥ **調味料：**
鹽2小匙、淡色醬油2大匙、胡椒
粉適量
太白粉1/2大匙、水2大匙混勻

♥ **做法：**
❶ 木耳、荸薺洗淨切碎，豆腐切
小丁塊。蝦米以溫水泡軟切碎，
青蔥切碎，蔥白、蔥葉分開。
❷ 熱油鍋放入3大匙油爆香蔥白，
放入蝦米及絞肉炒至出油，加鹽
和淡色醬油調味，放入木耳、荸
薺、豆腐和1碗水，以小火煮10分
鐘，撒胡椒粉後放入太白粉水勾
芡即可。
❸ 麵條煮熟盛入碗內，澆上醬
料，撒上綠蔥葉即可。

紹子麵的由來
　　相傳古代有位狀元考取功名返鄉宴客，憶起自家嫂子烹調一道麵食非常可口，於是央請嫂子烹煮招待客人，來客都非常喜歡這道麵食，但不知其名稱，只知是「嫂子做的麵」，逐漸遠播演變今日，而有「少子麵」、「紹子麵」之諧音的名稱。
　　紹子麵的配料除了絞肉、蝦米外，可自行添加其他的配料，沒有一定的限制。

麻瘋乾麵

NOODLE

麻瘋辣汁

　　這道麵食極辣、極麻，令人麻辣至瘋狂，功力較差者宜小心。料理辣味的菜肴時，以微濕的毛巾摀住鼻子即可避免嗆到。

♥ 材料：（4～5人）
拉麵600g.
絞肉400g.、蒜末1大匙、雞心辣椒乾2大匙、雞心辣椒粉1大匙、花椒粉1/2大匙、蔥花適量

♥ 調味料：
鹽1小匙、淡色醬油3大匙

♥ 做法：
❶辣椒乾泡溫水至軟，放入果汁機內加1碗清水攪拌成泥。
❷熱油鍋加5大匙油，爆香蒜末，放入絞肉炒至出油，加入辣椒粉、花椒粉以大火炒出辣味，隨即加入醬油及辣椒泥及2碗水，轉小火熬煮約15分鐘，加鹽調味即成麻瘋辣汁。
❸麵條煮熟，盛入碗內，淋上2大匙麻瘋辣汁、撒蔥花即可食用。

番茄肉醬麵
NOODLE

番茄
肉醬麵

♥**材料：**（4～5人份）
拉麵600g.
番茄6個、絞肉400g.、蒜苗2根、
蔥花2大匙

♥**調味料：**
鹽2小匙、糖1小匙、淡色醬油3大
匙、番茄醬3大匙

♥**做法：**
❶ 番茄洗淨入滾水汆燙後去皮切
碎，蒜苗洗淨切斜片。
❷ 熱油鍋放入3大匙油，加入絞肉
炒至肉變色出油，加入醬油及番
茄醬拌炒均勻，再放入番茄和2碗
水以小火熬煮至濃稠，放入鹽、
糖，撒下蒜苗。
❸ 麵條煮熟盛入碗中，澆上番茄
肉醬撒下蔥花即可食用。

番茄肉醬
　番茄要去皮，口感較好，以熱水燙過的番茄
較容易去皮；番茄肉醬搭配蒜苗，口味很棒！
　番茄肉醬除了拌麵亦可拌白飯，酸溜溜相當
開胃。
番茄冷麵
　夏天也可以將煮熟的麵條以冷開水掏洗至
涼，拌入番茄肉醬或其他食材都非常爽口。

XO醬刀削麵
NOODLE

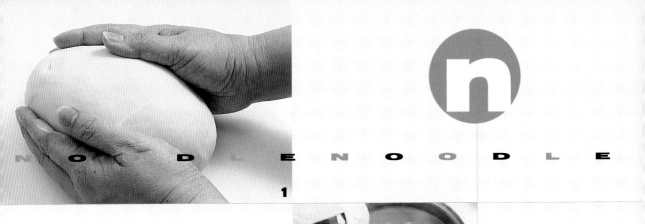

XO醬刀削麵

💟**材料：**（4～5人份）
刀削麵600g.
蔥花2大匙、XO醬2大匙、鹽少許

💟**做法：**
❶ 刀削麵做法請見P6，「手工麵條製作」步驟1～7。
❷ 將刀削麵糰整型成橢圓型狀（圖1）。
❸ 右手托住麵糰，左手握刀，快速削下麵片入滾水中（圖2）。
❹ 刀削麵煮熟撈出，盛入碗中，加入少許鹽、XO醬及蔥花，拌勻即可食用。

大量製作

　　XO醬拌麵拌飯或炒菜都很適合，如需大量製作時可以果汁機將全部材料打碎。

　　炒好的XO醬待涼後裝入玻璃罐中，放置冰箱隨時取用相當方便；記住裝入的罐子要完全乾淨，不可有水份；如此可以存放約半年。

自製 XO 醬

💟**材料：**
紅蔥頭末、大蒜末、蝦米各3大匙、紅辣椒3支、干貝150g.

💟**調味料：**
鹽1小匙、糖1小匙、蝦油2小匙、沙拉油6小匙

💟**做法：**
❶ 蝦米先以溫水泡軟，將紅蔥頭、蒜頭、辣椒及蝦米剁至極細備用。
❷ 碗內放入水及干貝（水須蓋過干貝），蒸約20分鐘至軟，待涼後剝絲，熱油鍋放入2大匙油炒至干貝絲乾硬撈出。
❸ 熱油鍋，加入6大匙油，爆香紅蔥頭、大蒜末，再加入辣椒、蝦米末，轉中小火續炒3～5分鐘，加入鹽、糖、蝦油、干貝絲一起拌炒2分鐘即成。

木 須 炒 麵

♥**材料：**（5～6人份）
刀削麵600g.
瘦肉300g.、青江菜6株、木耳2朵、
紅蘿蔔1/3個、雞蛋3個、蔥2根

♥**調味料：**
鹽2小匙、胡椒粉適量
A.淡色醬油2大匙、太白粉1/2大
匙、沙拉油2大匙

♥**做法：**
❶木耳、紅蘿蔔洗淨切絲，青江
菜、蔥洗淨切小段。
❷瘦肉切絲放入A料醃漬10分鐘，
熱油鍋放入3大匙油，快炒肉絲盛
出待用。
❸雞蛋打散，熱油鍋放入2大匙
油，將蛋液倒入炒成蛋塊。
❹刀削麵放入沸水煮至五分熟，
撈出以冷水沖涼待用。
❺熱油鍋放入2大匙油，爆香蔥
段，放入木耳、紅蘿蔔、青江菜
拌炒，加入麵條、肉絲、蛋塊及
鹽、胡椒粉、半碗水，以大火拌
炒均勻即成。

木須炒麵

炒蛋

炒蛋時在蛋汁中加入少許米醋，可降低蛋白
的韌性，口感較滑嫩。

三 鮮 炒 麵
NOODLE

♥**材料：（4～5人份）**
油麵600g.
瘦肉、豬肝、蝦仁各150g.、小黃
瓜2條、紅蘿蔔1/3個、蔥2根

♥**調味料：**
鹽1/3大匙、胡椒粉1小匙、太白粉
1小匙、水3大匙拌勻
A.淡色醬油2大匙、太白粉1/2大
匙、沙拉油2大匙

三鮮炒麵

♥**做法：**
❶ 小黃瓜洗淨切片，紅蘿蔔洗淨
切絲，蔥洗淨切段，蝦仁去腸泥
洗淨，瀝乾水份。
❷瘦肉、豬肝切薄片，放入A料醃
15分鐘。熱油鍋放入2大匙油，將
瘦肉、豬肝、蝦仁放入爆炒至肉
變色撈出待用。
❸ 熱油鍋放入2大匙油，爆香蔥
段，加入油麵、小黃瓜、紅蘿蔔
拌炒，再將瘦肉、豬肝、蝦仁回
鍋，倒入半碗水，以大火拌炒，
加鹽及胡椒粉調味，淋入太白粉
水勾薄芡盛出即可。

三鮮
　　三鮮是指任選三種不同鮮味的食材，一般多
以豬肉、海鮮為考量。這道麵食選的是瘦肉、蝦
仁、豬肝，你也可以變換口味。

NOODLE

地方風味麵
Local Style Noodles

切仔麵
NOODLE

♥材料：（1人份）
油麵100g.
韭菜、綠豆芽各1大匙、貢丸1
粒、瘦肉2片、油蔥酥1小匙、高
湯1碗
（高湯製法請見P.12）

♥調味料：
鹽1小匙

♥做法：
❶韭菜洗淨切小段、綠豆芽洗淨。
❷貢丸、瘦肉一起放入高湯內煮
熟備用。
❸ 水煮沸放入油麵、韭菜、豆
芽，汆燙30秒後盛入碗內，加入
熱高湯，鋪上貢丸、瘦肉，撒上
油蔥酥即成。

切仔麵
切仔麵是閩南最具傳統的麵食之一，湯頭的鮮
美與否決定這道麵食的可口程度。
切
「切」意指麵條放入竹杓內在滾水中，上、下
汆燙促熟的動作而得名。把麵條換成米粉、粿仔
條，就成了切仔米粉、切仔粿仔條。

擔仔意麵

NOODLE

擔仔麵

　　擔仔麵乾拌、湯食均可。意麵是本省南部的麵食，麵條的口感滑潤帶Q，麵皮薄，很快就煮熟了；千萬別煮久了，口感盡失。

度小月的傳奇

　　清光緒年間，台南、安平之間隔著台江內海，靠擺渡為生的洪芋頭，每逢夏秋風狂雨水遽漲之時，渡船危險，生意淡薄，就自己研發出用紅蔥頭炒肉末，拌入麵條內，挑著竹擔子沿街叫賣，另做生意維生，沒有想到生意興隆，反而渡過了「小月」（生意人指淡季為小月），於是1895年在臺南水仙宮廟前擺設小吃攤，經營澆有肉燥的小碗麵條，並在招牌上寫「度小月擔仔麵」，招來各方食客。

♥**材料：**（4～5人份）

意麵600g.

韭菜、綠豆芽各100g.、絞肉300g.、紅蔥頭末100g.、蝦米1大匙

♥**調味料：**

A.鹽1/2小匙、深色醬油2大匙、五香粉1/2小匙、糖1/2大匙、醬油膏2大匙

B.番茄醬1大匙、甜辣醬2大匙、冷開水1大匙

♥**做法：**

❶熱油鍋放入4大匙油爆香紅蔥頭和蝦米，加入絞肉、A料及1 1/2碗清水，以小火熬煮15分鐘，即成肉燥。

❷韭菜洗淨切段、綠豆芽洗淨，放入滾水汆燙後備用。B料調勻備用。

❸意麵放入滾水煮90秒撈出盛入碗內，加入韭菜、豆芽菜，澆上2大匙肉燥、1大匙的B料拌食。

肉羹麵

NOODLE

♥**材料：**（4～5人份）
油麵600g.
瘦肉300g.、魚漿200g.、蔥花1大匙、綠豆芽200g.、韭菜100g.、白菜100g.、筍1/2個、柴魚片1大匙、蒜泥1大匙、蛋白1個

♥**調味料：**
鹽1大匙、糖2小匙、淡色醬油1大匙
太白粉2大匙、水4大匙混勻
A.醬油1大匙、太白粉1/2大匙

♥**佐料：**
辣椒醬、沙茶醬、烏醋、胡椒粉
適量
九層塔數片、油蔥酥2大匙

♥**做法：**
❶白菜、筍洗淨切絲。綠豆芽、韭菜洗淨備用。
❷瘦肉切粗條放入A料醃20分鐘，加入魚漿、蔥花拌勻，一條一條放入滾水氽燙撈出備用。
❸鍋內倒入8碗水煮滾，放入柴魚片、蒜泥、白菜、筍絲以小火熬煮約30分鐘至白菜軟化，加入鹽糖、醬油及太白粉水勾芡，再加入蛋白攪散即成。
❹油麵、綠豆芽、韭菜氽燙盛入碗內，加入肉羹及羹湯，撒下油蔥酥、九層塔、配上佐料即可食用。

肉羹
　瘦肉加醬油醃漬的目的可使肉較為入味。
　加入太白粉醃漬，可使魚漿易於沾黏肉上。
蛋白
　蛋汁必須待羹湯勾芡後加入，蛋花才會均勻散開如雪花般。
魚漿
　在傳統市場賣貢丸、甜不辣的攤子均可買到。
烏醋
　烏醋是羹湯類料理不可缺少的佐料。

擔擔麵

擔擔麵

　　擔擔麵是屬於四川的麵食小吃之一，早期是由小販挑著擔子賣的，故名為「擔擔麵」，感覺頗類似台式的擔仔麵；其最大的特色整碗麵色鮮味濃，辣油湯汁是由濃厚的大骨湯加入大量的辣椒油慢火熬煮好澆淋麵內，非一般麵攤拌入辣油草草食用。

♥**材料：**（1人份）
陽春麵150g.
榨菜末1/2大匙、蒜末1小匙、蔥花適量、花生粉1小匙

♥**調味料：**
鹽1/3小匙、淡色醬油1小匙、烏醋2小匙、辣油湯汁1大匙、花椒粉1/3小匙

♥**做法：**
❶麵條煮熟。
❷碗內放入蒜末、榨菜末及所有調味料拌勻，再加入煮熟的麵條，撒下蔥花、花生粉拌食即可。

蚵 仔 麵 線
NOODLE

蚵仔麵線

♥**材料：**（10～12人份）
紅麵線600g.
蚵仔300g.、豬大腸1,200g.、筍絲200g.、紅蔥頭100g.、柴魚片2大匙、甘草片3～4片

♥**調味料：**
鹽2小匙、糖1大匙、深色醬油1大匙
太白粉1/2碗、水1碗混勻
A.鹽1/2小匙、醬油2大匙、糖1小匙、米酒1大匙、薑3片、水3碗
B.地瓜粉、麵粉、鹽適量

♥**佐料：**
烏醋、蒜泥、辣椒醬、胡椒粉、香菜

做法：
❶ 蚵仔以鹽浸泡5分鐘後逐粒洗淨去殘殼瀝乾，裹上地瓜粉入滾水汆燙備用。麵線以冷水沖洗瀝乾。
❷ 大腸以麵粉和鹽搓洗乾淨，先入滾水汆燙後放入鍋內，加入A料滷約50分鐘撈出，冷卻後切小塊備用。
❸ 取一深鍋，放入2大匙油爆香紅蔥頭，加入筍絲、柴魚、甘草片及12碗水，煮滾後放入麵線，以中火煮至麵線軟化，加入鹽、糖及醬油，再放入太白粉水勾芡，如麵線太濃稠則酌量加水稀釋。
❹ 食用時再加入蚵仔、大腸，配以佐料。

蚵仔麵線
　　蚵仔麵線是非常受歡迎的台灣小吃，正宗的蚵仔麵只有蚵仔並沒有大腸，因為蚵仔價格不低，且處理較費時，新鮮度掌握不易，很多店家以大腸取代，而改名為「大腸麵線」。

蚵仔麵線好吃的訣竅
1.蚵仔裹粉汆燙可防其體積縮小鮮味流失。
2.大腸經過一道滷的手續會更加可口。
3.湯頭內的柴魚片可提鮮，也有人放大骨粉、精雞粉；甘草片有甘甜味且可除腥，不可缺少。
把握前述三大重點就可煮出相當道地美味的「蚵仔大腸麵線」了。

紅麵線
　　可在傳統市場購買到，因顏色較深，所以稱做紅麵線。紅麵線口感較Q，不易黏糊，而口味較淡，為手工製作，所以價格比機器生產的高些。

香 芋 排 骨 酥 麵
NOODLE

♥材料：（4〜5人）
油麵600g.
小排骨600g.、芋頭1/2個、蔥2根
（切段）、薑4片、高湯8碗、蔥花
少許
（高湯製法請見P.12）

♥調味料：
鹽1/2大匙、糖1小匙
A.鹽1小匙、糖2小匙、深色醬油2
大匙、胡椒粉1小匙、酒1小匙、
在來米粉1大匙

♥做法：
❶ 將小排骨與蔥段、薑片一起放
入A料醃漬1小時，熱油鍋加5大匙
油，以中火炸3〜5分鐘，撈出瀝
乾。
❷ 芋頭削皮切塊，放入原油鍋內
以中火炸5分鐘取出備用。
❸ 取一深鍋，放入排骨、芋頭及
高湯、蔥段。鹽、糖，一起放進
蒸籠內蒸約1小時。
❹ 油麵入沸水內快速汆燙撈出，盛
入碗內加入排骨芋頭湯，撒下蔥花
即成。

香芋
排骨酥麵

小排骨
　　要購買帶有油質的小排骨，亦稱為「腩排」，
肉層較厚，小排肉如太瘦，吃來則乾澀、無味。
芋頭
　　經過油炸的芋頭，可保存芋塊的完整，好吃
的芋頭口感鬆綿、芋香撲鼻，高雄甲仙以及北台
灣陽金公路一帶所產的芋頭最好吃了。

廣州炒麵
NOODLE

♥**材料：（1人份）**
廣東雞蛋麵80g
叉燒肉、花枝、魷魚、蝦仁各
50g、青江菜2株、紅蘿蔔1/4個、
蔥1根

♥**調味料：**
蠔油2大匙、水3大匙、胡椒粉少許
太白粉2小匙、水2大匙混勻

♥**做法：**
❶麵條煮熟瀝乾，熱油鍋放入3大
匙油，將麵條煎至兩面金黃脆硬
後備用。
❷青江菜、蔥洗淨切段，紅蘿蔔
洗淨切片，蝦仁去腸泥洗淨；花
枝、魷魚切塊，與蝦仁一起放入
滾水汆燙30秒，快速撈出待用。
❸熱油鍋放入2大匙油爆香蔥段，
加入青江菜、紅蘿蔔及汆燙後的海
鮮，放入蠔油、水、胡椒粉及叉燒
肉以大火拌炒3分鐘至熟，放入太
白粉水勾薄芡，鋪淋在乾麵條上
即成。

廣州炒麵

廣東人的炒麵
　　麵條煮過後再油炸，是廣東人炒麵的手法；
如果覺得麵條太硬，可以多淋上一些湯汁，麵條
吸足了湯汁，就柔軟也較入味了。
廣東雞蛋麵
　　這是廣東人的麵食，麵條中加入了雞蛋和少
許鹼水製成，在一般傳統市場都有賣。
兩面黃
　　這種煮法，在一般的麵館又稱為「兩面黃」。
叉燒肉
　　可在坊間燒臘店買到現成的叉燒肉。

叉燒撈麵
N O O D L E

♥**材料：**（1人份）
廣東蝦子麵150g.
叉燒肉80g.、青江菜2株、蔥絲1大
匙、紅蔥頭末1/2大匙

♥**調味料：**
蠔油2大匙、水4大匙、胡椒粉少許

♥**做法：**
❶ 青江菜洗淨，整株燙熟。
❷ 熱油鍋放入2大匙油爆香紅蔥
頭，隨即撈出蔥屑，加入蠔油及
水以小火煮沸成蠔油汁。
❸ 麵煮熟盛入碗內，舖上叉燒
肉、青菜、蔥絲，淋上2大匙蠔油
汁，撒上少許胡椒粉拌食。

撈
　　「撈」之意指「拌」，廣東人稱拌麵為撈麵。常
見的煮法又有牛腩撈麵、蔥薑撈麵等。

蠔油
　　「蠔」即是「蚵」，蠔油是以鮮蚵製作成的醬
油，廣東人烹調喜用蠔油，如同福州人用蝦油、閩
南人用醬油膏、東南亞人用魚露等。

廣東蝦子麵
　　為廣東麵食之王，加入蝦卵及少許鹼水製成，
因產品特殊，要在廣東麵館及大型南北貨市場才買
得到；若買不到也可以雞蛋麵代替。

干燒伊麵

OODLE

干燒
　　干燒即在炒的過程中除了醬料中的水份外，不另加其他水份，只以蔬菜、肉汁所含的水份乾炒；所以盛入盤內，不見有湯汁且帶些焦香味。

伊麵即伊府麵

　　伊麵，也有人稱伊府麵，是廣東人常食用的麵食之一。相傳古代有位伊姓知府家中廚子研發出這種麵條，因而取名為「伊府麵」。伊府麵的麵條為煮熟後再油炸貯存起來，所以可保存較久，食用時放入沸水煮軟即成，乾炒、湯麵、燴煮都好吃。因產品特殊，要在廣東麵館及大型南北貨市場才買得到。

♥**材料：**（3～4人）
廣東伊麵1個
牛肉里肌肉片300g.
韭黃、綠豆芽各120g.

♥**調味料：**
A.淡色醬油1大匙、太白粉1/2大匙、沙拉油2大匙
B.蠔油3大匙、水3大匙、胡椒粉1小匙調勻

♥**做法：**
❶ 伊麵放入沸水汆燙使回軟，快速撈出待用。
❷ 牛肉片入A料醃約15分鐘，熱油鍋放入3大匙油，牛肉片炒至肉變色快速盛出。
❸ 熱油鍋放入2大匙油，放入伊麵、B料拌炒均勻，加入牛肉、韭黃、豆芽，以中火炒至豆芽、韭黃變軟即可盛盤。

日 式 涼 麵
NOODLE

♥**材料：（1人份）**
翡翠麵條150g.
柴魚片1大匙、甘草1片、清水2碗

♥**調味料：**
淡色醬油1大匙、米霖1大匙、冰
糖1/2大匙、芥末醬1小匙、蘿蔔
1/4個

♥**佐料：**
海苔絲、蔥末、五味粉適量

♥**做法：**
❶ 柴魚醬汁製作：將柴魚片、甘
草及水以小火熬煮15分鐘後過
濾，加入醬油、米霖、冰糖煮
沸，放涼待沾食用。
❷ 麵條煮熟泡入冷開水內，待涼
透撈出瀝乾水分，沾柴魚醬汁，
佐以芥末醬、蘿蔔泥及適量的海
苔絲、蔥花、五味粉食用。

日式涼麵

清淡爽口
　　日式涼麵無任何油質，極為清淡爽口；麵條
亦可選用蕎麥麵條、拉麵等。
五味粉
　　為日本人吃麵食時常添加的調味料，大型超
市均有販售。
翡翠麵條
　　即加了蔬菜汁製作成的綠麵條，一般傳統市場
或超市均有販售，也可自己製作（做法見P.8）。

烏 龍 麵
NOODLE

♥**材料：**（1人份）
烏龍麵150g
草蝦2隻、香菇2朵、魚板3片、蛤
蜊、花枝各30g.、海苔1/4張、雞
蛋1個、綠色青菜2棵
柴魚高湯2碗

♥**調味料：**
鹽1/3小匙、糖1/2小匙、醬油1小匙

♥**做法：**
❶ 草蝦去腸泥洗淨，香菇以溫水
泡軟，海苔剪成絲，蛤蜊浸泡於
鹽水中，使其吐砂。青菜洗淨。
❷ 將蛤蜊、花枝放入滾水汆燙後
迅速撈出。
❸ 鍋內放入柴魚高湯煮沸，加入
烏龍麵及所有材料，以中火煮沸
再入青菜及調味料，打入雞蛋，
即可食用。

烏龍麵

柴魚高湯
　　煮烏龍麵以柴魚高湯做底較為清爽，且能品
嘗到麵內海味的鮮美。當然以雞骨或豬骨熬出的
濃湯亦可。
自製柴魚高湯
　　柴魚片5g.加4碗水、甘草片1片、少許冰糖，
以小火慢煮20分鐘，即可熬煮出3碗柴魚高湯。
烏龍麵條
　　市售烏龍麵條為已經調理過的熟麵條，不宜
受熱太久，否則沒有Q感。

地 獄 拉 麵

NOODLE

♥材料： （4～5人）
日本拉麵600g.
魚板1/2條、海帶芽30g.、豆芽菜
100g.、金針菇100g.、白芝麻1/2大
匙、豬骨300g.、雞骨300g.、高麗
菜半顆、紅蘿蔔1條、白蘿蔔（中）
1條、番茄3個、黃豆芽300g.、蘋
果2個

♥調味料：
鹽1大匙、雞心辣椒粉1大匙（或
一般辣椒粉2大匙）

地獄拉麵

♥做法：

❶ 將高麗菜、紅白蘿蔔、番茄、
黃豆芽及蘋果洗淨切塊。魚板、海
帶芽、豆芽及金針菇入滾水燙熟。

❷ 豬、雞骨汆燙以去血水，撈出
放入深鍋內，放入洗淨的蔬菜及
10碗水，以小火慢熬3小時，將蔬
菜濾掉丟棄，加入鹽及辣椒粉，
即成地獄拉麵的湯頭。

❸ 麵條煮熟盛入大碗內，加入魚
板、海帶芽、豆芽及金針菇，倒入
熬好的地獄高湯，撒下芝麻即成。

日本湯麵的湯頭
　　日本湯麵的湯頭熬煮的時間相當久，所以非
常濃郁。

地獄麵的辣度
　　這道地獄麵食，對日本人來說極辣，吃起來
如入地獄般受煎熬，故取名之，其實日本人吃辣
的功力比咱們中國人遜色多了。坊間所賣的地獄
麵其辣度還不及中式麻辣麵的一半。

雞心辣椒粉
　　雞心辣椒粉的辣度大約為一般辣椒粉的兩倍
辣，所以用一般辣椒粉替代雞心辣椒粉時份量要
加倍。

蒜味義大利麵

NOODLE

材料： （4～5人）
義大利長麵條500g.
大蒜6瓣、紅辣椒4支

調味料：
橄欖油6大匙、鹽2小匙

做法：

❶ 義大利麵放入滾水，加少許鹽煮熟，其間要加兩次冷水，且不停攪拌。

❷ 大蒜去皮切片，辣椒洗淨切碎。

❸ 熱油鍋放入橄欖油及蒜片，以小火炸至蒜片呈金黃色撈出，再放入辣椒稍予爆炒關火。

❹ 將煮熟的麵條盛入碗內，淋下爆炒過的橄欖油及蒜片、辣椒，加2小匙鹽調味，撒下起司粉即可食用。

煮出好吃的義大利麵

　　義大利較為強韌，煮食的時間稍長，放入少許鹽煮則較易熟，其間要加兩次冷水，且不時攪拌。

　　義大利人口味頗重，調理的麵條千變萬化，色澤鮮艷如義人的熱情，多彩多姿；醬料調味料上多用橄欖油、大蒜、番茄、起司、胡椒等，橄欖油可生食，調理時不需受熱太久。

通心麵
NOODLE

通心粉

　　烹調通心粉與義大利麵所需用的原料相同，通心粉的樣式很多，超市均有出售。

　　是沒有調味過的番茄醬，味道較酸，顏色更鮮紅而濃稠，一般超市均有販售。

材料：（4人份）
通心麵500g.
絞肉600g.、洋蔥1個、蒜末1大匙、青椒2個、番茄4個

調味料：
月桂葉5～6片
A.鹽1大匙、淡色醬油1大匙、番茄糊3大匙、黑胡椒粉1/2大匙

做法：
❶ 洋蔥洗淨去皮切碎、青椒洗淨去籽切丁、番茄汆燙去皮切丁備用。
❷ 將通心麵放入滾水加少許鹽，以中火煮熟撈出待用。
❸ 熱油鍋放入3大匙油爆香洋蔥、蒜末，放入絞肉、番茄丁、月桂葉及A料拌炒均勻，注入水（蓋過肉面即可），以小火熬煮20分鐘，其間至少翻攪兩次以免沾黏鍋底燒焦。
❹ 待湯汁稍為收乾，放入青椒丁拌炒，隨即熄火。
❺ 將通心麵盛入盤中，淋上肉醬、撒起司粉即可食用。

NOODLE

麵點‧麵粉利用
Dim Sum

貓 耳 朵
NOODLE

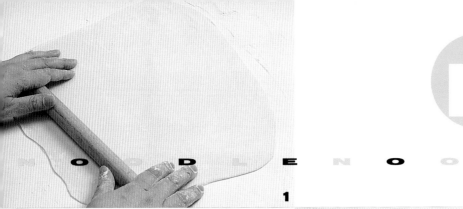

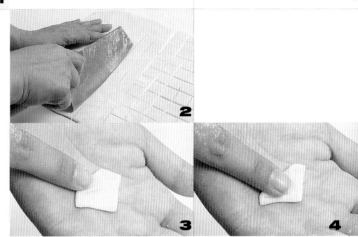

2

3

4

貓耳朵

♥ **材料：**（4～5人）
【**麵皮**】：中筋麵粉400g.、水200g.
雞蛋1個、肉絲120g.、大白菜
150g.、紅蘿蔔1/3個、香菇10朵、
蔥2根

♥ **調味料：**
鹽1大匙、淡色醬油1大匙

♥ **做法：**
❶ 白菜、紅蘿蔔洗淨切絲，香菇
泡溫水切絲備用。
❷ 麵粉、水和蛋混合揉至光滑，
放置一旁醒15～20分鐘後，再揉
一次麵糰至表面光滑。
❸ 將麵糰擀成0.3公分厚（圖1），
以刀子切成長寬各2公分小方塊
（圖2）。
❹ 將小麵片放在手掌上（圖3），
以食指或拇指用力將麵糰往對角
線方向推，使麵皮捲起（圖4）。
❺ 將多餘的乾粉篩掉，把貓耳朵
放入滾水以大火煮約3分鐘至五分
熟，撈出沖冷水瀝乾備用。
❻ 熱油鍋放入3大匙油爆香蔥段，
放入肉絲、香菇及鹽、醬油拌
炒，再放入白菜、紅蘿蔔絲、貓
耳朵炒勻，倒入1/2碗水，蓋上鍋
蓋以中火燜5分鐘盛出即可。

> **動手來玩**
> 　　貓耳朵是山西省的麵食小吃，以其形狀似貓
> 的耳朵而得名，貓耳朵非常可口，很值得讀者動
> 手來玩一玩。麵糰的軟硬可隨各人喜好，在揉麵
> 糰時酌量加減水份來調整。

炒疙瘩麵

NOODLE

炒疙瘩麵

♥**材料：** （3～4人）
中筋麵粉400g.、水200g.、小白菜
8株、紅蘿蔔1/4個、肉絲150 g.、
木耳2朵、蝦米1大匙

♥**調味料：**
淡色醬油1大匙、鹽2小匙、胡椒
粉適量

♥**做法：**
❶將麵粉放入不鏽鋼盆內，分次澆
淋水於麵粉上，以手攪拌（圖1）。
❷使麵粉結成小小的麵粒（圖2）。
❸ 以漏杓過篩，去除多餘麵粉
（圖3）。
❹取出疙疙瘩瘩的麵粒（圖4）放
入滾水中煮1分鐘撈出待用。
❺ 蝦米泡溫水至軟，木耳洗淨切
小丁、小白菜洗淨切段、紅蘿蔔
洗淨去皮切小丁。
❻ 熱油鍋放入3大匙油，爆香蝦
米、肉絲，加入調味料、木耳、小
白菜、紅蘿蔔及麵疙瘩；放入1/2碗
水，以大火拌炒2分鐘熄火盛出。

> **麵疙瘩**
> 　　疙瘩麵指的是將麵粉與少量水結合成大小不一
> 的麵粒、疙疙瘩瘩而得名，是一道很家常的麵食。

撥 魚 麵

OODLE

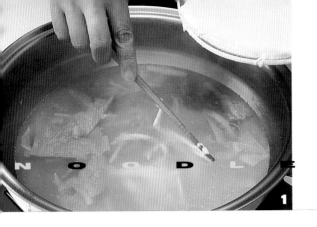

♥**材料：**（4～5人）
【**麵皮**】：中筋麵粉300g.、水 240g.
雞蛋1個、高湯8碗
（高湯製法請見P.12）
小白菜6株、黃豆芽150g.、番茄2
個、蝦米1大匙

♥**調味料：**
鹽2小匙、胡椒粉適量

♥**做法：**
❶ 麵粉、水和蛋攪拌均勻，放置
一旁醒20分鐘備用。
❷ 小白菜洗淨切段、黃豆芽洗
淨、番茄洗淨切4瓣、蝦米放入溫
水泡軟。
❸ 熱油鍋倒入1大匙油爆香蝦米，
加入高湯、黃豆芽、番茄煮沸。
❹ 將醒好的麵糊裝入盤子內，左手
托盤稍傾斜45度，右手拿筷子沿著
盤子邊緣，將麵糊逐一撥入湯鍋內
（圖1）；待全部麵糊成條狀浮起，
放入調味料即可熄火。

撥魚麵的由來

撥魚麵

　　這是一道非常簡單好做的麵食，麵糊以筷子
撥入湯中煮熟，兩頭尖尖的形狀就像小魚般在水
中悠遊很可愛，適合親子一起做。
麵疙瘩的另一種做法
　　疙瘩之意指其無固定形狀，且大小不一、疙疙
瘩瘩而得名。有人以乾麵粉內撒入冷水，使麵粉結
成大小不一的塊狀，放入滾水汆燙撈出，以乾炒或
湯麵的方式烹煮。而我們是以麵糊的方式製作，逐
一撥入滾水中，麵糊浮上來兩頭尖尖似小魚般，所
以又稱為「撥魚麵」。兩種做法都好吃。

紅油抄手

♥**材料：** （3～4人）
餛飩皮200g.
絞肉300g.、蔥花2大匙、薑汁1大匙

♥**調味料：**
鹽1小匙、淡色醬油2大匙、麻油1/2大匙、糖
1小匙

♥**佐料：**
蒜泥1小匙、蔥末1小匙、花椒粉1/2小匙、胡
椒粉適量、花生粉1小匙、淡色醬油1小匙、
烏醋1/2大匙、辣油1/2大匙、麻油數滴

♥**做法：**
❶ 將絞肉與蔥花、薑汁、調味料及2大匙水
拌勻，包入餛飩皮內。
❷ 餛飩入滾水煮熟浮起即可，撈出盛入碗
內，加入佐料拌食。

> **抄手、雲吞、扁食、餛飩**
>
> 　　四川人稱餛飩為「抄手」，廣東人稱「雲吞」，台灣人稱「扁食」，江西人稱「清湯」，長江以北的人則稱「餛飩」，其實都是薄麵皮包入肉餡煮熟的麵食。四川人口味極重，所以此道麵食拌入多種的佐料。

菜肉餛飩

同一方向攪拌
拌內餡時以同一方向攪拌，可讓肉的纖維延展開來，肉質彈性會更佳。

♥材料：（5～6人）
厚餛飩皮600g.、絞肉600g.、青江菜400g.、蔥末2大匙、薑汁1大匙、高湯8碗
（高湯製法請見P.12）
A.蛋皮100g.、豆芽菜100g、紫菜絲2大匙、榨菜絲2大匙

♥調味料：
鹽2小匙、淡色醬油2大匙、糖1小匙、麻油、胡椒粉適量

♥做法：
❶青江菜入滾水燙軟撈出，擠乾水份切碎。
❷絞肉加入蔥末、薑汁、1/2碗水及所有調味料，以同一方向攪拌至肉有黏性為止。
❸準備包餡時才將青菜加入肉餡內拌勻。
❹水滾放入餛飩煮滾後，加1/2碗冷水再次煮滾，當餛飩浮起即可熄火，盛入鍋中加入熱高湯、A料及少許鹽即可食用。

扁 食 湯
OODLE

♥**材料：**（5～6人）
餛飩皮200g.
絞肉300g.、小白菜250g.、蔥2根、
薑2片、高湯8碗、油蔥酥2大匙
（高湯製法請見P.12）

♥**調味料：**
鹽1/2大匙、糖2小匙、麻油適量

♥**做法：**
❶ 蔥、薑加入2/3碗清水，放入攪
拌機內攪碎，濾掉渣渣成蔥薑汁備
用。小白菜洗淨燙熟，高湯加熱。
❷ 絞肉加入調味料及蔥薑汁，以
同一方向攪拌至肉有黏性。
❸ 餛飩皮包入餡料，放入滾水內
煮熟，撈出盛入碗內加入熱高
湯、小白菜、油蔥酥即成。

扁食湯

總統扁食好吃的秘訣
　　花蓮市中正路上的液香扁食名氣很大，因蔣
經國總統及許多政治人物常去光顧而聲名遠播。
其絞肉肉質相當細，且內餡不放醬油、不見蔥
末，肉質醇厚，自成一烹調手法。
餛飩皮
　　餛飩皮需擀得非常薄，以手工自製不易，上
菜場買現成的較省事。

蝦 仁 雲 吞
NOODLE

♥**材料：**（4～5人）
廣式餛飩皮300g.
蝦仁400g.、絞肉150g.、蔥末2大
匙、薑汁1大匙、青江菜5株、高
湯6碗
（高湯製法請見P.12）

♥**調味料：**
鹽1/2大匙、胡椒粉、麻油少許
A.鹽1小匙、淡色醬油1/2大匙、胡
椒粉、麻油適量

♥**做法：**
❶ 蝦仁去腸泥、洗淨，先加少許
鹽及太白粉拌抓，再洗淨瀝乾水份
切丁備用。青江菜洗淨整株燙熟。
❷ 絞肉加入蔥末、薑汁、A料及2
大匙水攪拌均勻再加入蝦仁拌勻。
❸ 餛飩皮包入肉餡，放入滾水煮
至浮出水面，撈出盛入碗內，加
入熱高湯、青江菜、鹽及胡椒
粉、麻油調味即可食用。

蝦仁雲吞

蝦仁
　　蝦仁本身無油質所以須加入一些帶肥的絞
肉，口感才較滑潤，另蝦仁不宜切太細，否則無
法品嘗到蝦仁的美味。
加少許鹽及太白粉拌抓
　　蝦仁加少許鹽及太白粉抓拌可去腥除臭，太
白粉則可去除蝦仁上的黏液。
廣式餛飩皮
　　為加入雞蛋及鹼水製成的麵皮，廣東人特有
的餛飩皮，要在廣東麵食店才買得到。

炸 餛 飩
NOODLE

1

2

3

炸餛飩

♥**材料：**
餛飩皮200g.
絞肉200g.、芹菜40g.（1株）、薑
汁1大匙

♥**調味料：**
鹽1/2大匙、淡色醬油1小匙、麻油
1/2大匙、胡椒粉適量
【五味醬】：醬油膏3大匙、番茄
醬1大匙、甜辣醬1大匙、蒜末
20g.、薑汁適量、香菜20g、麻油
適量

♥**做法：**
❶ 芹菜洗淨切碎，與絞肉、薑汁
及鹽、淡色醬油、麻油、胡椒粉
拌勻。
❷ 餛飩皮包入肉餡（圖1、2），熱
油鍋加2碗油，放入餛飩以中火炸
約5分鐘至香酥（圖3）撈出，即可
食用，裝盤澆淋五味醬即可。

餛飩皮
餛飩皮薄，吃起來相當脆口；過年時，也可
用餛飩皮包裹年糕油炸，另有一番風味。

小餛飩肉餡
購買包小餛飩的肉餡，要請肉販絞碎兩次才好
吃：因為小餛飩皮薄，久煮皮與肉餡會分離，肉餡
太粗則不易煮熟，所以將肉絞細一些較易煮熟。

五味醬
五味醬是非常棒的沾醬，沾食海鮮、肉類及
其他料理都很對味。

手工水餃
NOODLE

2

3

4

手工水餃

♥ **材料：**（2～3人份）
【水餃皮】：中筋麵粉400g.、清水
180～200g.
【水餃餡】：絞肉450g.、韭菜200g.、
蔥2根、薑4片、水1/2碗

♥ **調味料：**
鹽1/2大匙、淡色醬油1大匙、麻油
1大匙、胡椒粉1小匙

♥ **做法：**
❶ 韭菜洗淨瀝乾水份切碎，蔥切
末、薑磨成泥擠出汁備用。
❷ 將絞肉與蔥末、薑汁及調味料
充分拌勻，加入1/2碗水再次拌
勻，包餡前再拌入韭菜。
❸ 麵粉和水混合，揉至光滑，放
置一旁醒約20分鐘，再揉一次麵
糰至表面光滑。
❹ 將麵糰分成每個重約12～15g.重
的麵糰（圖1），再將每個麵糰擀成
中間稍厚周邊薄的圓麵片（圖
2），即成餃子皮。
❺ 將餃子餡包入皮中（圖3、4），
放入滾水煮熟，其中需加兩次冷
水（每次1/2碗水）。

現成餃子皮
水餃買現成的亦可，但口感沒有手工好吃；
還是建議親自動手製作。
絞肉
絞肉內加入清水可避免肉餡乾澀，嚼食時有
鮮美湯汁流出來才是標準的料理手法。家庭調理
時，絞肉肥瘦的比例以1：1為佳。加入清水的比
例，通常1斤肉加入1/2碗水即可。
蔬菜餡
青菜待包餡時才加入的原因是因為蔬菜含水
份高，遇餡料的鹹味即脫水；而餡料如水份過
多，收口時不易黏和。且蔬菜遇到醬油色澤會變
黑，所以有蔬菜混合的肉餡，宜選擇淡色醬油。

韭黃鍋貼
NOODLE

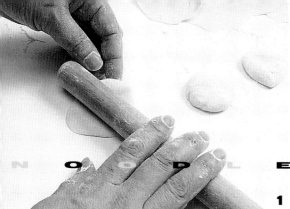

1

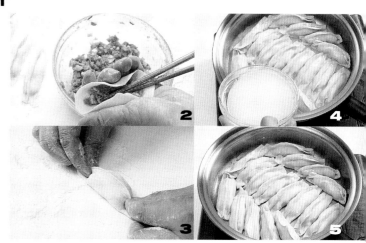

2
3
4
5

韭黃鍋貼

♥**材料：**（3～4人）
【鍋貼皮】：中筋麵粉400g、水200g
【鍋貼餡】：絞肉400g、韭黃200g、
薑汁1大匙、水1/2碗

♥**調味料：**
麵粉2小匙、水1¹/₂碗混勻（麵粉與
水的比例1：10）
A.鹽1/2大匙、淡色醬油1大匙、麻
油、胡椒粉適量

♥**做法：**
❶ 韭黃洗淨瀝乾水份切碎，薑磨
成泥擠出汁備用。
❷ 將絞肉與蔥末、薑汁及A料充分
拌勻，加入1/2碗清水再次拌勻，
包餡前再拌入韭黃。
❸ 麵粉和水混合，揉至光滑，放
置一旁醒20分鐘，再揉一次麵糰
至表面光滑。
❹ 將麵糰分成每個重約15～20g.
重的麵糰，再將每個麵糰捍成薄
的圓麵片，即成鍋貼皮（圖1）。
❺ 將肉餡包入皮中（圖2、3），熱
油鍋放入1大匙油，排入包好的鍋
貼，以中火稍煎1分鐘，加入麵粉
水（水量達鍋貼一半高度即可）
（圖4），蓋上鍋蓋以中火煎8～10
分鐘（圖5），鏟出盛入盤內底部
向上即可食用。

餡料的處理

　　鍋貼與水餃差不多，只是收邊的方法稍不
同，水餃的邊要捏合如元寶狀，且需下水煮；鍋
貼的邊則捏合為長條狀，且以油煎。
　　餡料內的蔬菜如水份較多者，要用少許鹽醃
一下以去水份（如大白菜），也可以汆燙的方式去
水份（如蘿蔔丁）；一定要包餡時才將蔬菜拌
入，為免餡料出水。夏天時更是要把調好的肉餡
放入冰箱冷藏，一來保鮮，二來保持低溫使肉餡
不易出水。

蔬菜煎餅

♥**材料：**（5～6個）
中筋麵粉200g.
太白粉1大匙、水230g.、沙拉油
1/2大匙、高麗菜絲2碗.

♥**調味料：**
鹽1/2大匙、胡椒粉1小匙

♥**做法：**
❶ 將麵粉、太白粉及水混和拌
勻，加入沙拉油繼續拌勻，放置
一旁醒約20分鐘後，再加入1/3份
量的高麗菜拌勻。
❷ 平底鍋內加入1大匙油，油熱後
倒入麵糊，以中火煎約2分鐘，鋪
上剩餘的高麗菜繼續煎至餅底焦
黃，翻面再煎1分鐘即可盛出。
❸ 食用時可擠上美乃滋或甜辣醬
搭配柴魚片均適合。

蔬菜
　　高麗菜口感較脆，甜度亦佳，
最適合做蔬菜煎餅；但你也可以隨
個人喜愛搭配各種蔬菜。
油量
　　煎炸食物所使用的油量不同，
炸的油量必須蓋過整個食物面，煎
所需的油量則只需讓食物在鍋底可
滑動即可。

蔬 菜 煎 餅
NOODLE

麵茶

NOODLE

麵 茶

NOODLE

♥**材料：**（5～6碗）
中筋麵粉400g.、糖100 g.、花生粉
2大匙、芝麻適量

♥**做法：**
❶ 麵粉倒入鍋內以小火慢慢炒至
麵粉呈微微焦黃色且香味撲鼻，
倒出放置待涼。
❷ 將麵茶、糖、花生粉混勻，沖
入熱開水攪勻，撒上炒過的芝麻
趁熱食用。

耐心炒
　　製作麵茶要有耐心，以小火慢
慢炒；切勿用大火快炒，否則麵粉
粒受熱不均，就不好吃了。

換個口味
　　你也可以加上黑白芝麻粉，或
各種雜糧穀類粉，讓麵茶的口味更
香醇，各有不同風味。芝麻粉可自
己以扛麵棍壓碎。

早餐及宵夜
　　麵茶可以止瀉又有飽脹感，很
適合早餐及宵夜食用。

記憶中的麵茶
　　二、三十年前常看到有人推著
車，車上放著一壺沸水，搭配著
「膨餅」，穿梭大街小巷日夜販售麵
茶。尤其半夜裡聽到沸水壺中發出
的「嗶嗶」聲響，頓時飢腸轆轆，
買一碗來解饞。如今在大都市甚至
鄉下地方卻再也看不到賣麵茶的攤
子了。

淋餅
NOODLE

麥仔餅
NOODLE

淋餅

♥材料：（5〜6個）
中筋麵粉300g.、太白粉30g.、水400g.、沙拉油1/2大匙、鹽1/2大匙、蔥花1大匙、油條2根

♥做法：
❶ 將油條之外的全部材料和勻，攪拌至光滑，放置一旁醒約15〜20分鐘。
❷ 平底鍋內薄薄抹上一層油，倒入麵糊攤平，以中火煎至兩面微黃的薄麵皮。
❸ 將油條捲入麵皮中即可食用。

所謂淋餅
　　將麵粉調和冷水，淋入鍋內煎成的麵皮就是淋餅；餅裡什麼東西都可以包，這是一道既方便又簡單的家常麵食。麵皮如果攤得夠薄，還可以代替春卷皮呢。

麥仔餅

♥材料：（2〜3個）
中筋麵粉100g.、在來米粉50g.、水150g.、沙拉油1/2大匙、紅糖1大匙、蘇打粉1/2小匙。

♥餡料：
花生粉100g.、細砂糖100g.、黑芝麻1大匙

♥做法：
❶ 將所有材料混合拌勻，蓋上濕布放置一旁醒約30分鐘。
❷ 平底鍋預熱，塗上一層薄薄的油，倒入麵糊攤平（圖1），撒下餡料，蓋上鍋蓋，以中小火煎至麵糊熟透，用鐵鏟子對折成半圓（圖2），取出切成4片食用。

讓麵糊滑動
　　鍋子預熱，塗上奶油或任何油質均可，但不宜太多薄薄的一層即可，否則麵糊會滑動不易攤開。

手工麵條製作

NOODLE NOODLE

♥**工具：**
不鏽鋼盆、磅秤、擀麵棍（約60～70公分長）、刀子

♥**材料：**（4～5人）
中筋麵粉400g.、冷水200 g.、鹽1/2小匙

●將中筋麵粉及鹽放入不鏽鋼盆內，倒入冷水。

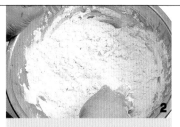

●用手攪拌盆內的麵粉與水至成糰，盆底沒有乾粉為止。

●將麵糰取出放置工作檯上，以雙手（手掌）用力揉至麵糰光滑（約10分鐘），如果麵糰沾黏雙手，可在工作檯上撒少許中筋麵粉。

●經過5分鐘搓揉的麵糰，有些許粗糙。

●經過10分鐘搓揉的白麵糰。

●如果麵糰粗糙還沒有光滑，此時雙手很酸、累，可將麵糰放置盆內蓋上濕布（防止表面結皮），醒10～15分鐘後再揉。

■「醒」的作用會使麵粉充分吸收水份產生麵筋，富彈性較好整型搓揉。

●10～15分鐘後，以食指在麵糰表面上輕按，會按出一個凹洞，且不會彈起，此時可以放在工作檯上整型。

●麵糰結實厚硬，要以擀麵棍按壓麵糰使其較為薄些，擀成薄麵皮時較不吃力。

9

●雙手握住擀麵棍兩端，上下來回滾動，擀至各人喜愛的厚度（約0.2～0.5公分厚），邊擀邊適時撒些中筋麵粉於麵皮上以防止麵皮沾黏擀麵棍及工作檯。

10

●最後擀成長方形的麵皮，寬度約20～25公分，長度則視麵糰大小。

11

●將麵皮擀至理想的厚度，表面及底部均勻撒上一層太白粉，以防止麵皮間沾黏（不要撒乾麵粉，因乾麵粉會吸取麵皮內的水份，麵皮則會較乾硬。

12

●提起麵皮來回摺疊成3～6層不等。

13

●麵皮經摺疊成數層，呈細長狀，寬度約為10公分左右。自製麵條因含水量較多且家庭製麵刀具設備不足，麵皮摺疊以三層為宜，較好切割，才不會手忙腳亂。

14

●右手握住刀柄與刀子接口處，左手握住刀身頂端，刀鋒放置麵層上，用刀按壓至底部確實切斷。

15

●麵條粗、細隨各人喜愛。

16

●也可將麵皮擀成約0.5公分厚，撒上一層太白粉，切割成寬度3公分，長度5～6公分的麵片兒。

17

●將切好的麵條撒上太白粉，隨即用手抓起抖鬆，麵片兒亦撒上太白粉以防麵片間沾黏。

自製雞蛋麵條

♥**材料：**（4～5人）
中筋麵粉400 g.、全蛋2個、
冷水130 g.、鹽1/2小匙

♥**做法：**
❶中筋麵粉及鹽放入不鏽鋼
盆內，倒入雞蛋和冷水調勻
的蛋液（圖1）。
❷做法同白麵條製作。
❸經過10分鐘搓揉後的雞蛋
麵糰（圖2）。
❹醒10～15分鐘後的雞蛋
麵糰（圖3）。

自製蔬菜麵條

♥**材料：**（4～5人）
中筋麵粉400 g.
純菠菜汁（青江菜汁）210 g.
鹽1/2小匙

♥**做法：**
❶菠菜（青江菜）洗淨後切
碎，放入調理機中攪打成
汁，將菜渣濾掉。
❷中筋麵粉、鹽放入不銹鋼
盆，盆內倒入蔬菜汁（圖1）。
❸做法同白麵條製作。
❹經過10分鐘搓揉後的蔬菜
麵糰（圖2）。
❺醒10～15分鐘後的蔬菜
麵糰（圖3）。

自製全麥營養麵條

♥**材料：**
中筋麵粉250 g.
全麥麵粉150 g.
冷水220g.
鹽1/2小匙

♥**做法：**
❶中筋麵粉、全麥麵粉、
鹽放入不銹鋼盆內，倒入
冷水（圖1）。
❷做法同白麵條製作。
❸經過10分鐘搓揉後的全
麥麵糰（圖2，全麥麵條因
含有麩皮所以表面較其他種
類麵條粗糙）。
❹醒10～15分鐘後的全麥
麵糰（圖3）。

1

1

1

2

2

2

3

3

3

煮一碗好吃的麵

NOODLE NOODLE

下麵成功的方法：

❶ 鍋子內盛入冷水的量要多，大火煮沸後放入麵條。
❷ 以筷子抖鬆麵條，蓋上鍋蓋。
❸ 水滾，視麵條多寡加入半碗至一碗的冷水繼續煮（第一次加水）。
❹ 水滾，再添一次冷水煮（第二次加水）。
❺ 再次煮滾後即可以漏杓撈出麵條。

讓麵條可口好吃的密訣：

❶ 以冷水、熱水間次沸騰的「三溫暖」手法煮麵條，可使麵條不致過度黏糊，且軟中帶Q。

❷ 添加冷水的次數與煮麵的時間，要依麵條的厚薄、粗、細及各人喜好的麵條軟硬程度而定。

I.如細且薄的陽春麵乾拌食用時，麵條入滾水內煮至八分熟撈出拌料，如此麵條才有嚼勁，口感好，所謂八分熟即麵條的中心點有一細白線。

II.煮湯麵時，湯碗內已盛入沸騰的高湯，麵條浸泡其中，湯頭的熱度會使麵條持續軟化，故麵條只需煮至七、八分熟即可。

III.一般而言，細薄麵條約煮2分鐘，寬厚的麵條約3～4分鐘。

❸ 麵條的吃法與搭配，沒有特定的模式，隨各人喜好與環境而定。例如：北方人個性豪爽、口味濃厚，主食即為麵食；故喜愛咬勁強韌寬厚的麵條，且佐醬多為味道較鹹、顏色深的醬料。南方人個性較細緻，就偏好細薄的麵條配上多以鹽調味，色淡、味淡的佐料或清鮮的高湯。

麵條的保存方式：

　　手工麵條含水量多，口感潤滑，風味佳，吃不完的麵條，分成一人份的量各裝入小塑膠帶內密封好放入冷凍庫存放，可保鮮一個月左右。

麵條兒站出來

市面上販售的袋裝麵粉：

❶ 高筋麵粉適用於麵包、機器製作的乾麵條、速食麵、通心麵。
❷ 中筋麵粉適用於各種中式麵食。
❸ 低筋麵粉適用於蛋糕、西點、餅乾。
❹ 全麥麵粉滲入高、中、低麵粉內增加產品的營養價值。

市面上販售的麵條、麵皮：

　　材料多以中筋麵粉為主，有白麵條，厚且寬的家常
麵條、麵片兒，添加雞蛋、蔬菜汁、麩皮等製成的雞蛋麵、
蔬菜麵、全麥營養麵條，以及滲入些許鹼水的油麵、涼麵、意
麵等，有些則加入部份的高、低筋麵粉製作成汕頭麵、拉麵、烏龍麵，
種類繁多不下十餘種。

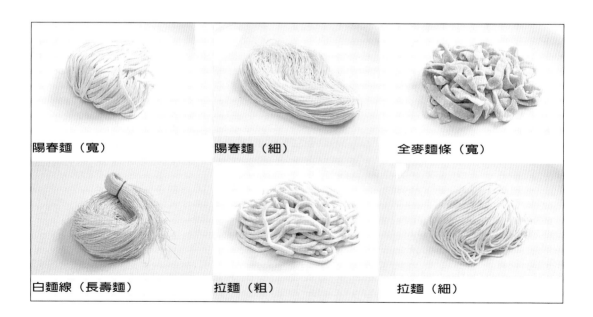

陽春麵（寬）　　　　　陽春麵（細）　　　　　全麥麵條（寬）

白麵線（長壽麵）　　　拉麵（粗）　　　　　　拉麵（細）

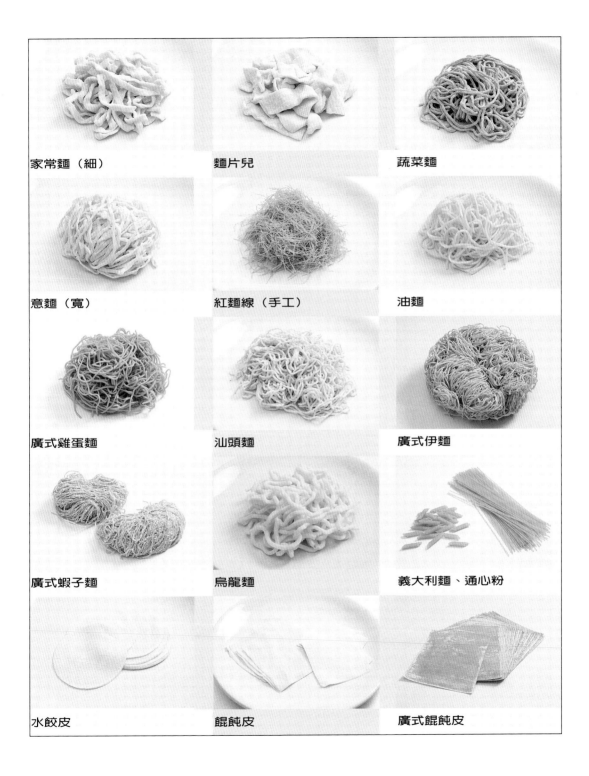

家常麵（細）　麵片兒　蔬菜麵

意麵（寬）　紅麵線（手工）　油麵

廣式雞蛋麵　汕頭麵　廣式伊麵

廣式蝦子麵　烏龍麵　義大利麵、通心粉

水餃皮　餛飩皮　廣式餛飩皮

高湯製作及保存

　　高湯依選用的食材不同約可分為豬骨高湯、雞骨高湯、牛骨高湯、海鮮高湯、純素高湯。豬、雞、牛高湯均以豬雞牛的骨頭熬煮成。海鮮高湯因魚骨不好取得，可以乾的魚片、小魚乾（如扁魚、丁香魚）製作，或以干貝、鮑魚、乾蠔、蝦乾等高級海味熬製。純素高湯則選用甜味及水份較多的蔬菜，如紅、白蘿蔔、大白菜、高麗菜、瓜類、豆類、素的醃漬品等，搭配一些水果就可熬煮出一鍋清淡爽口的純素高湯。

自製高湯DIY：

♥**鍋具：選用不銹鋼材質的深湯鍋。**

♥**做法：**

❶肉骨洗淨放入鍋內，加入冷水（水要蓋過肉骨，且高出5公分）以中火煮滾後撈出，以冷水將血水膜沖洗掉且瀝乾水份。深鍋內另加入冷水煮開後，放入汆燙過的骨頭。

❷再次煮滾時轉小火熬煮2小時即為鮮美香濃的高湯。本圖為經過1小時熬煮後的豬骨高湯的色澤。

❸經過2小時熬煮好的豬骨高湯的色澤，呈乳白色狀。

❹約3～4小時後，煲成色澤有如鮮奶般的「靚湯」。

高湯比一比：

❶豬骨高湯：呈乳白色，熬煮愈久，味道愈香醇濃郁，色澤愈渾厚，廣東人「煲湯」至少煲三、四個小時以上，燙頭色澤有如鮮奶般，才叫「靚湯」。

❷雞骨高湯：湯清鮮甜，尤其以土雞熬出的湯頭口感不在話下，且帶有一層薄薄微黃的雞油，是國人最愛的湯頭。

❸牛骨高湯：一般家庭比較少熬牛骨湯，因牛骨體積太大，鍋具太小，但牛肉本身有其特殊濃厚的味道，故慢火熬出來的湯頭也就更香美，經營牛肉麵館或麻辣鍋店，熬牛骨湯不能省。

❹上等海鮮高湯：製作成本較高，因為都是利用上好的海味熬煮而成，其味道及色澤因食材的選擇不同各有差異。

❺純素高湯：大部份利用各種蔬菜本身所含的特別甜味經過慢熬溶解於水中，亦因素材的不同，味道與色澤有所不同。另在蔬菜盛產的季節裡可將蔬菜曬乾貯藏日後食用，蔬菜乾與新鮮蔬菜熬出來的湯頭很不一樣，不妨試試比較。

素高湯（左）、海鮮高湯（右）

豬骨高湯（左）、豬骨＋雞骨高湯（中）、雞骨高湯（右）

高湯的保存方法：

❶當高湯吃不完時，可按每次所需用量裝入塑膠袋內綁緊再放入保鮮盒內冷凍，可保存兩星期左右，鮮味不減。

❷人口簡單的家庭或單身貴族可將湯頭放入各式較小的容器或製冰塊的模型盒內；而冰箱冷凍室空間有限時，熬煮高湯時可少放些水量將湯頭濃縮，食用時加入清水稀釋即可；煮一人份的湯麵約需6～8高湯冰塊，非常方便。

♥♥♥老師的煲湯小偏好：

　　由於豬與雞各有其鮮美的味道，為了想擁有兩者的美味，故每次煲湯豬、雞骨各參半，同時不放青蔥、生薑怕奪味，改放中藥行販賣的辛香料，如八角、甘草片、沙羌、草果等，因為新鮮的蔥、薑會泛酸、保存不久。時下有很多高湯成品，如高湯罐頭、大骨粉、濃縮高湯塊，確實便利，但挑剔重質感的好食者還是會選擇自己「煲湯」。

國家圖書館出版品預行編目資料
趙柏淯的私房麵料理：炒麵、涼
麵、湯麵、異國麵＆餅／趙柏淯
著.—初版—台北市：
朱雀文化，2007〔民96〕
面；　公分，-（Cook50；080）
ISBN　978-986-6780-04-2（平裝）
1.麵　2.食譜
427.38

趙柏淯的私房麵料理

炒 麵 、 涼 麵 、 湯 麵 、 異 國 麵 ＆ 餅

COOK50　080

作　　者■趙柏淯　攝　　影■孫顯榮・宋和憬　封面設計■許淑君

美術編輯■黃金美　編　　輯■葉菁燕

企畫統籌■李　橘　發行人■莫少閒　出版者■朱雀文化事業有限公司

地　　址■台北市基隆路二段13-1號3樓　電話■(02)2345-3868

傳　　真■(02)2345-3828　劃撥帳號■19234566 朱雀文化事業有限公司

e-mail■redbook@ms26.hinet.net　網　　址■http://redbook.com.tw

總經銷■展智文化事業股份有限公司

ISBN■978-986-6780-04-2　　初版一刷■2007.07　　　　　■

定　　價■280元　出版登記■北市業字第1403號

About買書：

●朱雀文化圖書在北中南各書店及誠品、金石堂、何嘉仁等連鎖書店均有販售，如欲購買本公司
圖書，建議你直接詢問書店店員，如果書店已售完，請撥本公司經銷商北中南區服務專線洽詢。

北區（02）2250-1031 中區（04）2312-5048 南區（07）349-7445

●●上博客來網路書店購書（http://www.books.com.tw），可在全省7-ELEVEN取貨付款。

●●●至郵局劃撥（戶名：朱雀文化事業有限公司，帳號：19234566），
掛號寄書不加郵資，4本以下無折扣，5～9本95折，10本以上9折優惠。

●●●●親自至朱雀文化買書可享9折優惠。